中华烹饪古籍经典藏书

［清］佚名撰

中国商业出版社

图书在版编目（CIP）数据

调鼎集 : 全四册 / (清) 佚名撰 . -- 北京 : 中国商业出版社 , 2023.7

ISBN 978-7-5208-2496-5

Ⅰ . ①调… Ⅱ . ①佚… Ⅲ . ①食谱—中国—清代②菜谱—中国—清代 Ⅳ . ① TS972.182

中国国家版本馆 CIP 数据核字（2023）第 092126 号

责任编辑：郑　静

中国商业出版社出版发行

（www.zgsycb.com 100053 北京广安门内报国寺 1 号）

总编室：010-63180647　编辑室：010-83118925

发行部：010-83120835/8286

新华书店经销

唐山嘉德印刷有限公司印刷

*

710 毫米 ×1000 毫米　16 开　81.25 印张　770 千字

2023 年 7 月第 1 版　2023 年 7 月第 1 次印刷

定价：339.00 元（全四册）

* * * *

《调鼎集（全四册）》
工作团队

统　筹

刘万庆

注　释

邢渤涛　史树青　朱靖宇　张可心　夏金龙
刘　晨　刘义春　牛建鹏　赵将军

译　文

史兰菊　张可心　夏金龙　刘义春　牛建鹏　赵将军

审　校

陶文台

中国烹饪古籍丛刊
出版说明

国务院一九八一年十二月十日发出的《关于恢复古籍整理出版规划小组的通知》中指出：古籍整理出版工作“对中华民族文化的继承和发扬，对青年进行传统文化教育，有极大的重要性”。根据这一精神，我们着手整理出版这部丛刊。

我国的烹饪技术，是一份至为珍贵的文化遗产。历代古籍中有大量饮食烹饪方面的著述，春秋战国以来，有名的食单、食谱、食经、食疗经方、饮食史录、饮食掌故等著述不下百种，散见于各种丛书、类书及名家诗文集的材料，更是不胜枚举。为此，发掘、整理、取其精华，运用现代科学加以总结提高，使之更好地为人民生活服务，是很有意义的。

为了方便读者阅读，我们对原书加了一些注释，并把部分文言文译成现代汉语。这些古籍难免杂有不符合现代科学的东西，但是为尽量保持其原貌原意，译注时基本上未加改动；有的地方作了必要的说明。希望读者本着“取其精华，去其糟粕”的精神用以参考。

编者水平有限，错误之处，请读者随时指正，以便修订和完善。

中国商业出版社

1982 年 3 月

出版说明

20世纪80年代初，我社根据国务院《关于恢复古籍整理出版规划小组的通知》精神，组织了当时全国优秀的专家学者，整理出版了“中国烹饪古籍丛刊”。这一丛刊出版工作陆续进行了12年，先后整理、出版了36册。这一丛刊的出版发行奠定了我社中华烹饪古籍出版工作的基础，为烹饪古籍出版解决了工作思路、选题范围、内容标准等一系列根本问题。但是囿于当时条件所限，从纸张、版式、体例上都有很大的改善余地。

党的十九大明确提出：“深入挖掘中华优秀传统文化蕴含的思想观念、人文精神、道德规范，结合时代要求继承创新，让中华文化展现出永久魅力和时代风采。”做好古籍出版工作，把我国宝贵的文化遗产保护好、传承好、发展好，对赓续中华文脉、弘扬民族精神、增强国家文化软实力、建设社会主义文化强国具有重要意义。中华烹饪文化作为中华优秀传统文化的重要组成部分必须大力加以弘扬和发展。我社作为文化的传播者，坚决响应党和国家的号召，以传播中华烹饪传统文化为己任，高举起文化自信的大旗。因此，我社经过慎重研究，重新系统、全面地梳理中华烹饪古籍，将已经发现的150余种烹饪古籍分40册予以出版，即这套全新的“中华烹饪古籍经典藏书”。

此套丛书在前版基础上有所创新，版式设计、编排体例更便于各类读者阅读使用，除根据前版重新完善了标点、注释之外，补齐了白话翻译。对古籍中与烹饪文化关系不十分紧密或可作为另一专业研究的内容，例如制酒、饮茶、药方等进行了调整。由于年代久远，古籍中难免有一些不符合现代饮食科学的内容和包含有现行法律法规所保护的禁止食用的动植物等食材，为最大限度地保持古籍原貌，我们未做改动，希望读者在阅读过程中能够“取其精华、去其糟粕”，加以辨别、区分。

我国的烹饪技术，是一份至为珍贵的文化遗产。历代古籍中留下大量有关饮食、烹饪方面的著述，春秋战国以来，有名的食单、食谱、食经、食疗经方、饮食史录、饮食掌故等著述屡不绝书，散见于诗文之中的材料更是不胜枚举。由于编者水平所限，书中难免有错讹之处，欢迎大家批评指正，以便我们在今后的出版工作中加以修订和完善。

中国商业出版社

2022年8月

本书简介

《调鼎集》是清代的一部饮食专著。原书是手抄本，现藏北京图书馆善本部。本书即据此整理、标点、注释和译文。

原手抄本前有成多禄于戊辰年（1928年）写的《调鼎集序》。序中说是书凡十卷，不著撰者姓名。但是，该手抄本卷三目录前署有“北砚食单卷三”字样；其“特牲部”引言署名为“北砚氏漫识”；“杂牲部”引言署名为“北砚氏识”；卷四中有“童氏食规”字样；卷五目录前亦有“北砚”二字。卷八“酒谱序”署名“会稽北砚童岳荐书”。按：童岳荐，字北砚，是乾隆年间江南盐商，他或即本书的最早撰辑者；究竟最后成书于何时何人，待进一步考定。

《调鼎集》内容相当丰富，共分十卷。卷一为油、盐、酱、醋与调料类，其中尤以各种酱、酱油、醋的酿制法以及提清老汁的方法，叙述详备；卷二较杂，主要为宴席类，尤以铺设戏席、进馔款式及全猪席等资料比较珍贵；卷三为特牲、杂牲类菜谱；卷四为禽、蛋类菜谱；卷五为水产类菜谱；卷六为衬菜等菜谱；卷七为蔬菜类菜谱；卷八为茶酒类和饭粥类；卷九为面点类。有六卷（指三、四、五、七、八、九卷）的编撰方法和《随园食单》相类似。其中卷八的“酒谱”，可以独立成书。卷九后半卷和卷十的全卷为糖卤及干鲜果类，写法亦很精细。卷六则与卷二相似，比较杂乱，写法较简，像是随手摘记的零碎资料而尚未成书。其中“西人面食”一节，记载了我国西北地区人民的种种面食，这对于研究我国西北地区的饮食发展，也是极为珍贵的资料。

该书资料性强，实用价值高，文字亦比较浅显，既适于家庭烹调参考使用，更值得从事饮食业人士研究参考。

本书共分四册，第一册有卷一、卷二、卷三（上）；第二册有卷三（下）、卷四、卷五；第三册有卷六、卷七、卷八（上）；第四册有卷八（下）、卷九、卷十。

本书在注释过程中曾经得到史树青、朱靖宇等先生的帮助，陶文台同志也参与了审校。

原书中的内容过于简短易懂的或注释较为丰富的，便省略了译文。

正文中标记※号的内容，均为原书中的眉批。

中国商业出版社

2023年1月

目录

卷六　衬菜部

卷七　蔬菜部

卷八　茶酒饭粥部（上）

卷六

衬菜部

燕窝衬菜

油炸鸡豆、鱼豆。窝炸。

鱼鳔衬天花。

荷包鱼。

去骨鸭整炖（去足）撕碎，包鸭皮。

肥鸭切骨牌片。

（去管）鸡腰子。

鸭撕碎，名为“糊涂鸭”。

肥鸡皮切丝。

鸭舌。

鸭掌（去骨）。

鸡、鸭翅第二节（去骨）。

大片鸡脯、火腿片、贴肥肉片。

鸡丝、火腿、笋丝、蟹腿。烂蟹羹。

鲢鱼拌头拖肚。

面条鱼（去骨、头、尾）。

季花鱼丝（炸过）。

白鱼肚（去骨）。河南光州猪皮也。

醉黄雀脯。

鸽蛋油炸衬底。

鸽蛋打稠，入冰糖蒸作底。

蜱鳌取硬边（炸过）。

鲫鱼脑。

素燕窝捆成卷。

生鸡脯捣烂，少加豆粉。

斑鱼肝。

胰肉片鸡粥。

野鸡片、肥鸡片、火腿片。

野鸡片、火腿肥片、鸡脯片、肥火腿片或丝。

火腿去皮留精肥整肉，切片或丝。冬笋丝。

鸡皮尖、火腿片。

鸡、鸭肫肝丝。

鸭舌丝。

干肉。

皮丝。

糟肉丝。

白肺条。

嫩笋尖、罐肉。

猪管（穿火腿条）。

猪髓（穿火腿条）。

白鱼肚。

鲫鱼肚皮（去骨）。

拆碎春斑鱼。

炸鱼肚、鱼丝。

鸽蛋衬燕窝底。

核桃仁、蘑菇、香蕈丝。

凡宴荤客，先取鲜汁和，如鸡、鸭、火腿、虾米等项，以作各之用；凡宴素客[1]，亦先取鲜汁，如笋、菌、香蕈、蘑菇等项，并可制荤馔。

【译】（略）

① 素客：食素的人。

鱼翅[1]衬菜

烧鱼翅少入醋。

甲鱼、雷菌衬。

鱼翅丝衬火腿、鸡皮、去骨肥鸭。

糟肥鸡腿。

鸡片穿火腿片。

鸡丝。

火腿丝。

野鸡去骨，菜苔，鸭皮、足腿。

鱼翅以金针菜、肉丝炖烂，常食和颜色，能[2]忧郁，有益于人。

鸡皮、肥肉条煨炒鱼翅。

鸭皮衬鱼翅作饼，煨料作羹。又，粉皮、鸡皮、香蕈、笋炣。

鱼翅配鸡冠油烧。

蟫螯煨鱼翅。

面条鱼煨鱼翅。

假鱼翅，用海蜇皮厚者，上连下切丝，或烂烧。

鱼翅去须，取脊肉切大骰子块，肥鸭、火腿块煨羹。

---

① 鱼翅：鲨鱼翅，现行法律法规规定禁止食用。

② 能：似应为“解”。

甲鱼煨鲨鱼皮。

【译】（略）

海参衬菜

蝴蝶海参：将大海参劈薄，或衬甲鱼裙边、穿肥火腿条。鲟鱼头上皮并肚内烧对开大海参。鮰鱼同。

冠油块烧海参。

炸虾圆衬海参。

炒海参丝加火腿。

烂海参衬小鱼圆或小虾圆。

脊筋、蹄筋、陈糟焖海参，烧亦可。

蝗螯丝焖海参丝。

海参球内嵌火腿、鸡皮、笋，红白煨皆可。或用松仁、虾仁瓤海参粥，用鲜汁煨成糊。

海参用蛋清、网油包成假鳗鱼式，其味胜真。海参发透，切丁五分段，煨烂制盘，假充鳗鱼。

海参末煨烂作羹。

海参切三分段，加火腿丁，鸡汁煨烂，还白对拼。

海参条配冠油烧。

海参衬蹄尖、筋、管、脊、笋烧。

拌鱼头去骨撕碎，衬块海参烧成烂。鲟鱼、鮰鱼同。

整海参、鸭舌、火腿、笋烀炒海参。

猪舌根烧海参。

瓤海参。

虾绒火腿或片，再卷网油，外再裹网油。

野鸡海参羹，衬火腿、猪胰作羹。

斑鱼肝烧海参，焖亦可。

猪脑打蛋黄油炸，烧海参。

又，鸡肝、猪脊烧海参。

木耳煨海参，极烂为度。

【译】（略）

鲍鱼衬菜

鲍鱼配鹿筋丝、鸡肫丝、冬笋丝、香蕈丝，烧、煨皆可。

油炸鲍鱼片煨鸭块去骨，亦可用腐皮煨者。

鲍鱼丝或片炒。

鲍鱼切大骰子块煨肉块。

火腿片煨鲍鱼。

荸荠煨淡菜。

熊掌[1]

制熊掌

以黄泥封固，慢火煨一宿，则毛秽随泥而净，用竹刀细细铲开，须流水冲半日，以红性尽为度，加火腿及肘子肉和香料煨烂，味厚而不膻。

【译】以黄泥将熊掌裹严，用慢火煨一夜，熊掌上的毛及脏东西随着泥就去干净了，用竹刀慢慢地将熊掌铲开，要用流水冲半天，直到没有红色为止，加入火腿及肘子肉和香料将熊掌煨烂，味道醇厚而不膻。

假熊掌

用火腿爪、皮、肺煨烂。

【译】（略）

① 原抄本此处无标题，为注译者据原目录添加。现行法律法规规定禁止食用。

驼峰[1]

驼峰用带壳核桃同煮，片极薄，以蜜糖蘸食，甚补阳分，但胃弱者不能咽也。口外[2]野驼更胜。

【译】驼峰用带壳的核桃一同煮制，切很薄的片，用蜜糖蘸食，非常补阳分，但胃弱的人不能吃。长城以北的野生骆驼更好。

① 原抄本此处无标题，为注译者添加。

② 口外：长城以北地区。包括内蒙古、河北北部的张家口、承德大部分地区，以及新疆一带的长城以北地区，但不包括东北三省（东三省一般称为“关外”）。

鹿肉[1]

关东鹿肉蒸熟片用。又，加丁香、大料烧用。

【译】（略）

① 原抄本此处无标题，为注译者添加。

猪肉①

猪肉先用滚水焯过，使毛管净尽，切成方块，将作料、酱油和成一大盂，同肉入罐煨烂，再加水，以汁干为度，既得真味，且可久贮。

小猪肥嫩者，用豆腐片衬底，重汤蒸熟，不腻口。猪尾连臀割下，约三五斤，用盐腌数日，晒晾蒸食，美胜于家乡肉。

鲜肉以盐擦透，用粗纸包数层入灶灰，过一二宿取出蒸食，与火腿无异，如晒时用香油抹上，不引蝇子。又，盐八分，硝二分，合拌擦肉，一时盐味即透。

【译】将猪肉先用开水焯过，把猪毛、管去干净，切成方块，将作料、酱油和成一大盂，同肉装入罐煨烂，再加水，直到汤汁干了为止，味道非常纯正，还可以久存。

取肥嫩的小猪，用豆腐片衬底，隔水蒸熟，这样不腻口。将猪尾带臀割下，大约三五斤，用盐腌数日，晒晾后蒸食，味道胜于家乡肉。

将鲜肉用盐擦透，用数层粗纸包好放入灶灰内，过一两夜后取出蒸着吃食，与火腿没有区别，如在晒时抹上香油，不会招苍蝇。另，将八分盐、两分硝合拌后擦猪肉，一个时辰后盐味可入透。

---

① 原抄本此处无标题，为注译者据原目录添加。

荔枝肉

取短肋刮净下锅，小滚后去沫，加酒、青笋、木耳等，火候既到盛起。去皮，切长方块，如东坡肉大，四面划细花，用菜油爆黄，即入酱油，以手拆碎，或用刀切小块。取绿豆芽去头尾，亦用菜油炒好。下肉汤少许，即将肉并木耳、笋等下锅一滚，再加酒并青菜、葱末少许即起。又，不用豆芽菜，肉爆黄后干切薄片、方块，而撒花椒盐。

【译】取猪短肋刮净后下锅，小开后去掉浮沫，加酒、青笋、木耳等，火候到了就盛起。再将猪肉去皮，切成长方块，像东坡肉一样大，四面用刀划细花，再用菜油爆炒至黄，即刻倒入酱油，要将肉用手拆碎，或用刀切成小块。取绿豆芽去掉头、尾，也用菜油炒好。锅中下少许肉汤，便将肉、木耳、笋等下锅煮一开，再加入酒、青菜、少许葱末后起锅。另，可不用豆芽菜，将肉爆炒至黄后干切薄片或方块，撒入适量花椒盐。

东坡肉

肉取方正一块刮净，切长厚约二寸许，下锅小滚后去沫。每一斤下木瓜酒四两（福珍[①]亦可），炒糖色入，半烂，加酱油，火候既到，下冰糖数块，将汤收干。用山药蒸烂去皮衬底，肉每斤入大茴三颗。

【译】取一块方正的肉刮净，切成长、厚均两寸，下

---

① 福珍：似是一种酒。

锅煮小开后去掉浮沫。每一斤肉下入四两木瓜酒（福珍也可以），加入炒糖色，肉半烂后，加入酱油，火候到了下入几块冰糖，将汤汁收干。用去皮且蒸烂的山药衬底，每斤肉加入三颗大茴香。

罐焖肉

将肉洗净，切小方块，装小瓷罐内，用水八分，下长葱、酒、盐，皮纸封固，以黄泥涂口，并用湿草纸包，外砻糠火焖一复时，火候侵到[①]。

【译】将肉洗干净，切成小方块，装入小瓷罐内，用八分水，下入长葱、酒、盐，用皮纸将罐口封闭严实，用黄泥涂罐口，并用湿草纸包好，罐外用砻糠火烧制一昼夜，火候刚刚好。

烧肉茄

大茄子去瓤挖空，肉切细糜，加葱、酒、酱油等项，入茄内，将茄盖好，用竹签定，菜油爆黄，所有肉皮亦下锅，入大茴、酱油、酒，加水煮烂，俟汤干起锅时，再用青葱末、拌糖少许。

【译】将大个的茄子去瓤挖空，将肉切得细碎，加入葱、酒、酱油等料，将肉装入茄内，将茄子盖好盖，用竹扦插好，用菜油爆炒至黄，将所有肉皮也下锅，加入大茴香、酱油、酒，加水煮烂，等汤汁干后起锅时，再加青葱末、少

① 侵到：指火候刚刚好。

许糖。

肉饼[1]豆腐

肉去皮骨，切细糜，加鸡蛋白、葱、酒、酱油等做成圆，不拘大小，同菜油爆黄透，下酒、酱油、大茴等，以清水煮熟烂，俟汤将干，另炒小块豆腐拌和，再加葱末起锅，如木耳、笋及茭白等皆可下也。又，不用豆腐，汤亦不收干，起锅时入小粉条子或粉皮亦可。又，收干汤，用冬日大菜心，菜油炒烂，拌入肉饼，其味更佳。

【译】将猪肉去掉皮、骨，切得细碎，加入鸡蛋清、葱、酒、酱油等做成丸，不限制丸的大小，用菜油爆炒至黄透，下入酒、酱油、大茴香等，用清水将肉丸煮至熟烂，等汤汁将干，下入另炒好的小块豆腐，再加葱末后起锅，木耳、笋及茭白等也都可以下入。另，可以不用豆腐，汤汁也不收干，起锅时加入小粉条或粉皮。另，将汤汁收干，用菜油炒烂冬天的大菜心下入肉丸，味道更好。

炒花头烧肉

肉切方块，下锅滚后去沫，下酒，加洋糖炒色，半烂入酱油、冬笋（加茭角块），既烂，汤多以洋糖收干。菜花头用温水泡开切细，菜油一炒，下肉锅一两滚即起，加葱末少许。

【译】将肉切成方块，下锅煮开后去掉浮沫，下入

---

① 饼：据下文应是“丸”。

酒，加入白糖炒色，肉半烂后加入酱油、冬笋（或加茭角块），肉烂时，如汤汁多用白糖来收干。将菜花头用温水泡开后切细丝，用菜油炒过，下入肉锅中一两开后起锅，加入少许葱末。

马兰头烧肉

肉切方块，下锅小滚去沫，加酒及洋糖炒色，半烂加酱油、大蒜、茭白，烂后，汤将干，将马兰头温水泡开切细，菜油一炒，下肉锅少滚即盛起。未起锅前，加冰糖少许。

【译】将肉切成方块，下锅煮开后去掉浮沫，加入酒及白糖炒色，肉半烂时加入酱油、大蒜、茭白，肉烂后，汤汁即将干，将马兰头用温水泡开后切细丝，用菜油炒过，下入肉锅中开后即起锅。未起锅前，要加入少许冰糖。

◎ 猪肉诸菜[①] ◎

肉圆

肉劗火腿丁油炸，或用藕粉团。

【译】将肉剁碎加入火腿丁做成丸，用油炸制，或加入藕粉做丸。

① 原抄本此处无标题。因以下内容较为杂乱，故以“猪肉诸菜”为题冠之。

茄肉圆[1]

新嫩茄去皮，加劖入肉圆。

【译】将新鲜且嫩的茄子去皮，加入剁碎的猪肉做成丸。

肉酱[2]

香糟炒肉[3]

煨糟肉[4]

象牙肉

肉切细条如牙筷式烧。

【译】将肉切成像牙筷一样的细条进行烧制。

徽州大炒肉

肉用清水一渫，切大块，烧红锅爆炒成黄色，盐和黄酒倾入，再加酱油炒八分熟。肉有盐，故不走油。

【译】将肉用清水焯，切成大块，烧热锅将肉爆炒至黄色，倒入盐和黄酒，再加酱油炒至八成熟。因肉有盐，故不会走油。

煨肉

肉加豁蛋。

【译】（略）

---

① 原抄本此处无标题，为注译者添加。

② 原抄本此处只有标题。

③ 原抄本此处只有标题。

④ 原抄本此处只有标题。

烧肉[1]

肉五斤切块，醋、油、酱油、水各一宫碗[2]同煮，加盐三钱五分。

【译】（略）

红烧肉圆[3]

焖肉[4]

肋肉去皮、筋、骨、膜切豆丁，甜酱一揉，和豆粉、鸡蛋清生煎，入拌作料再焖。蒸用者取臀尖劗用。

【译】将猪肋肉去皮、筋、骨、膜切成豆丁，用甜酱揉一揉，和入豆粉、鸡蛋清后生煎，加入作料再焖熟。蒸着吃用剁碎的猪臀尖肉。

蜱螯煨肉[5]

冬笋煨火腿[6]

冬笋切菱角块，煨火腿方块。

【译】（略）

鳖肉

猪肋连尾一块，如鳖式，酱油、酒烧。

---

① 原抄本此处无标题，为注译者添加。

② 宫碗：明代宣德时创烧的瓷碗。多为皇宫所用，故称。

③ 原抄本此处只有标题。

④ 原抄本此处无标题，为注译者添加。

⑤ 原抄本此处只有标题。

⑥ 原抄本此处无标题，为注译者添加。

【译】将一块连尾的猪肋做成鳖的样子，加入酱油、酒烧制。

荔枝肉圆

肉切大骰子块，面划荔枝式，酱油、酒烧。

【译】将肉切成大色子块，肉面上划成荔枝的样式，加入酱油、酒烧制。

五花肉方[①]

五花肉一方去排骨，用炒熟花椒盐两面揉擦，腌十日，晾十日，其味甚火腿。

【译】取一方五花肉去掉排骨，用炒熟的花椒盐揉擦肉的两面，再腌渍十天，晾制十天，其味道胜过火腿。

荠菜烧肉[②]

荠菜干烧鸡块、肉块。

【译】（略）

烧大块东坡肉[③]

家乡肉[④]

家乡肉切片，冷吃始香。

【译】（略）

---

① 原抄本此处无标题，为注译者添加。

② 原抄本此处无标题，为注译者添加。

③ 原抄本此处只有标题。

④ 原抄本此处无标题，为注译者添加。

葱筒灌肉丁[1]

锅烧肉[2]

盐酒烧煨肉[3]

红蹄

用白粉皮、茭白丝烧。

【译】（略）

海蜇煨猪蹄

加虾米，取金银蹄煨（用皮）。

【译】（略）

虾米烧猪肘

每斤约用一两。

【译】（略）

家乡腿卤[4]

家乡腿剩下盐硝卤入锅煎，冷定装缸盖好，皮纸周围封固。如次年家乡腿仍用此卤浸之，更得其味。然猪总在五六十斤以内者。

【译】腌渍家乡腿剩下的盐硝卤要入锅煮，凉后装入缸中缸盖好，用皮纸将周围封闭严实。如果第二年做家乡腿仍用这个卤来浸泡，味道会更好。但所用的猪要在五六十斤以

① 原抄本此处只有标题。

② 原抄本此处只有标题。

③ 原抄本此处只有标题。

④ 原抄本此处无标题，为注译者添加。

内的。

雷菌煨蹄[1]

湖绉蹄

油炸，烧。

【译】（略）

拌肚尖[2]

猪肚尖拌用。

【译】（略）

肺肚焖豆腐[3]

肺、肚各丁焖豆腐，制与文师豆腐同，加火腿丁、鸡油。肚切细丝，加碎豆腐、米粉炒。

【译】用猪肺丁、猪肚丁来焖豆腐，做法与做文师豆腐相同，要加入火腿丁、鸡油。也可以将猪肚切成细丝，加入碎豆腐、米粉炒制。

烧猪髓[4]

豆粉、细红酱烧猪髓。

【译】（略）

---

① 原抄本此处只有标题。

② 原抄本此处无标题，为注译者添加。

③ 原抄本此处无标题，为注译者添加。

④ 原抄本此处无标题，为注译者添加。

烧猪脸[1]

猪下腮肥而不腻，可煨可烧。

【译】（略）

炒猪肝[2]

买猪肝、肠要带油者，猪肝劖糜，加火腿丁、笋丁、脂油炒。

【译】买猪肝、肠要挑带油的，将猪肝剁碎，加入火腿丁、笋丁、脂油炒制。

① 原抄本此处无标题，为注译者添加。

② 原抄本此处无标题，为注译者添加。

羊肉[1]

蒸羊肉[2]

汤羊肉切片盛盘，重阳时蒸，用绍兴糟和水，锅边渐次[3]灌之，不见糟而宛然糟肉，颇为别致。

【译】将煮羊肉切片后盛盘，在重阳时蒸制，用绍兴糟和水，顺锅边逐渐灌入，不见糟却很像糟肉，非常别致。

口外吐番炉羊

以整绵羊收拾干净，挖一坑，以炭数百斤生红渐消，乃以铁链挂整羊，其中四面以草皮围之，不使走风气味，过夜开出，羊皮不焦而骨节俱酥，比平常烧更美。若内[4]仿做，即整羊腿、肥羊以饼炉如法制之[5]亦可，但火候须庖人在行耳。

【译】将整个的绵羊收拾干净，挖一坑，用数百斤烧红但渐消的炭，用铁链将整羊挂起，其中四面用草皮围好，不要漏风跑掉香气，过一夜后开炉取出，羊皮不焦且骨节全都酥了，比平常的烧法更好。如果皇宫里仿做，也可以将整羊

---

① 原抄本此处无标题，为注译者添加。

② 原抄本此处无标题，为注译者添加。

③ 渐次：逐渐。

④ 内：指宫内。旧称皇宫为大内。

⑤ 以饼炉如法制之：用饼炉按照此法烤羊，即为“挂炉烤羊”。在北京故宫保存的乾隆皇帝御膳档中，即有“挂炉烤羊”的记载。

腿、肥羊用饼炉按照这种方法来烤制，但厨师对火候一定要在行。

煨羊肉

羊肉整块，河水浸一时，细洗，切为大块，用竹箩沥干，加洋糖拌肉，如腌肉法，以手用力搜内[①]复洗，再拌再搓洗，糖味去尽，用手挤干，入锅微煮，沥去血水，入胡桃数枚，先用平头水[②]煮羊肉半烂，入甜酱煮，加酱油再煮，以烂为度。如做羊脯亦用此法。不过少放水，多加酒与酱油，半烂，微火煮，切勿令焦，以汤干七分，用盘盛起，结冻用片羊肉。又，关东羊蒸熟片用。

【译】将整块的羊肉用河水浸泡一个时辰，洗净，切成大块，用竹箩沥干水分，加入白糖拌肉，像腌肉的方法，用手使劲搓肉复洗，再拌再搓洗，糖味去尽后用手将肉挤干，下入锅中微煮，沥去血水，加入几枚胡桃，先用平头水煮羊肉至半烂，加入甜酱煮制，加酱油再煮，直到将肉煮烂为止。如果做羊脯也用这种方法。不过要少放水，多加酒和酱油，将肉煮至半烂，改微火煮制，一定不要让肉焦，等汤汁干七成，用盘将肉盛起，肉及汤汁结冻后切片食用。另，将关东羊蒸熟后切片吃。

---

① 搜内：依下文，似应为“搓肉”。

② 平头水：指锅中放水与肉平。

煮羊肉[1]

羊肉去皮骨，白水煮二三沸捞起，原水不用，另加花椒、小茴香。水用五斤，小茴一大酒杯，花椒一小酒杯，煮汤，每次用水二汤碗，滚四次，以花椒、茴香无味为度，同羊肉一起下锅煮五六滚，加大蒜头五个，煮九分烂。汤不可太多，如少，酌量加滚水。

【译】将羊肉去皮、骨，用白水煮两三开后捞起，煮肉的水不用，另加花椒、小茴香。用五斤水、一大酒杯小茴香、一小酒杯花椒来煮水，每次用两汤碗水，煮开四次，直到将花椒、茴香煮至没味了为止，同羊肉一起下锅煮至五六开，加入五个大蒜头，将肉煮至九成烂。汤不可以太多，如果汤少，可酌量加入开水。

① 原抄本此处无标题，为注译者添加。

鸡类[1]

鸡皮苏州有处可卖。糟者更佳。鸡肾、鸭舌同。

鸡块用火腿、冬笋、菌子煨。

瓶儿菜切碎焖鸡丝，多入醋，酸汤。

煨鸡块去骨，加栗肉焖。荸荠亦可。

鸡、鸭心切开一半，火腿片烧。

鸡、鸭肝切骰子块焖。

鸡、鸭肫切片，冬笋、火腿片，蒸或烧。

百合瓣煨鸭块。

切面入鸡丝、火腿丝炒。

【译】（略）

松子鸡

鸡煮半烂去骨，肚内随意装物（松子仁）。

【译】将鸡煮至半烂后去骨，鸡肚内任意装配料（如松子仁）。

芝麻鸡

将整鸡用芝麻、作料红烧。

【译】（略）

煨鸡

大鸡块去骨，大笋块、蔓菜或菜薹煨。

---

① 原抄本此处无标题，为注译者据原目录添加。

【译】将鸡斩大块后去骨，用大笋块、蔓菜或菜薹进行煨制。

鸡肉饼

鸡脯、肥肉、蛋清、豆粉、麻油煎。

【译】（略）

兔子饼[①]

子鸡煮熟，细剔其骨，不去皮。面饼做一大合，置鸡腹内，重汤再煮蒸，候开，鸡仍整只，嘴爪完全，好酱油食之，其味甚佳，此所谓“兔子饼”也。每只花钱一大元，粤人[②]珍之。

【译】将仔鸡煮熟，仔细剔掉鸡骨，不要去皮。做一大合面饼，放在鸡肚内，将鸡再隔水煮或蒸，等取出时鸡仍是整只，鸡嘴、爪都在，配好酱油吃之，味道非常好，这就是所谓的“兔子饼”。每只鸡要花一元钱，广东人很喜欢。

莴苣烧鸡片[③]

黄瓜煨鸡块[④]

嫩黄瓜去皮心，切菱角块，煨鸡块或烧爆炒鸡。

【译】（略）

---

① 原抄本此处无标题，为注译者添加。

② 粤人：广东人。

③ 原抄本此处只有标题。

④ 原抄本此处无标题，为注译者添加。

煮鸡块[1]

取肥肚黄脚鸡治净，切小方块，菜油爆黄，加酒并肫、肝、香蕈、青笋、大茴等同下，煮半烂，入酱油，愈烂愈妙，起锅用青葱末。如不易烂，浇冷水，此煮鸡之妙法也。

【译】取肥肚黄脚鸡整治干净，切成小方块，用菜油爆黄，加入酒，将鸡胗、鸡肝、香蕈、青笋、大茴香等一同下锅，煮至半烂，加入酱油再煮，肉煮得越烂越妙，起锅时撒入青葱末。如果肉不容易烂，浇入冷水，这是煮鸡的好方法。

糟鱼煨肥鸡

鸡切四股，下锅后下酒，陆续撇起黄油，将熟熄火，起去骨拆碎，仍下锅。糟鱼去糟，整块下之，滚后鸡得糟味，将鱼捞起去骨，再下锅，加青笋、香蕈、鲜笋俱可，以和淡为主[2]。起锅以鸡油加面上，用浓葱、椒。鸭同，所谓糟蒸鲥鱼，照此制。

【译】将鸡切成四股，下锅后加酒，陆续撇起黄油，鸡快熟时熄火，将鸡捞出去骨后拆碎，再下锅。将糟鱼去糟，整块下锅，开锅后鸡肉入糟味，将鱼捞出后去骨，再下锅，加入青笋、香蕈、鲜笋都可以，要搭配合适。起锅时用鸡油浇在菜面上，多用葱、花椒。鸭的做法与此相同，所谓糟蒸

① 原抄本此处无标题，为注译者添加。

② 和淡为主：似指主料与辅料搭配合适。

鲥鱼，可以按照这种方法制作。

鸡丁羹

鸡切细丁油炒，再作羹。

【译】（略）

烧鸡块[1]

鸡切骰子块，肉亦切骰子块，加笋丁、香蕈烧。

【译】（略）

煨鸡[2]

鸡、鸭治净，晾干，用甜酱周身擦过，或入甜酱、红酱一宿再煨，其味甚常。鸡、鹅、鸭煨，各得鲜味。

【译】将鸡或鸭整治干净，晾干，用甜酱将鸡全身擦过，或者加入甜酱、红酱腌渍一夜后再煨制，味道胜过平常的做法。鸡、鹅、鸭煨制后，各得鲜味。

焖鸭肝[3]

鸭肝并心皆可焖。鸡、鸭心破开，青菜心要烂，麻雀脯亦可。

【译】鸭肝、鸭心都可以焖制。要将鸡、鸭心破开，加入青菜心煨烂，麻雀脯也可以煨制。

---

① 原抄本此处无标题，为注译者添加。

② 原抄本此处无标题，为注译者添加。

③ 原抄本此处无标题，为注译者添加。

鸡球

鸡㓜米大，用腐皮包，油炸或烧。

【译】将鸡肉剁成米粒大，用腐皮包裹后用油炸或烧制。

鸡粥

烂豆腐丁加火腿丁。

【译】（略）

煨糟鸡[1]

花椒煨鸡[2]

鲞鱼鸡[3]

炒鸡卷[4]

鸡丝粉皮

芥末汤或炒。

【译】鸡丝配粉皮加入芥末，可以做汤也可以炒制。

红汤鸡块配百合煨[5]

炒鸡丝

火腿细丝、鸡切细丝，炒烂皆可。冬笋、豆腐皮丝同炒。

【译】将火腿切成细丝、鸡肉切成细丝，炒熟就可以。可以与冬笋、豆腐皮丝同炒。

---

① 原抄本此处只有标题。

② 原抄本此处只有标题。

③ 原抄本此处只有标题。

④ 原抄本此处只有标题。

⑤ 原抄本此处只有标题。

肉片煨鸡脯片[①]

芹菜炒鸡皮[②]

蟹肉煨鸡块[③]

鸡片汤

鸡劈片入汤，衬火腿、笋、香蕈片。

【译】将鸡肉切成片下入汤中，衬火腿片、笋片、香蕈片。

烧鸡块[④]

鸡去骨切块，粘米粉，火腿、香蕈煨或烧。

【译】将鸡去骨后切成块，粘裹米粉，加入火腿、香蕈煨制或烧制。

烧鸡脯[⑤]

鸡脯拖蛋烧。

【译】（略）

瓤冻鸡[⑥]

去骨、瓤杂果煮熟，并肉冻透，夏日用。

【译】将鸡去骨、瓤杂果后煮熟，与肉冻透，夏天食用。

---

① 原抄本此处只有标题。

② 原抄本此处只有标题。

③ 原抄本此处只有标题。

④ 原抄本此处无标题，为注译者添加。

⑤ 原抄本此处无标题，为注译者添加。

⑥ 原抄本此处无标题，为注译者添加。

鸡脑羹

向酒馆买，三文一斤。

【译】（略）

撕煨鸡

蘑菇、火腿同煨。

【译】（略）

大块鸡

大蒜、大葱煨。

【译】（略）

红烧鸡翅[①]

松仁瓤鸡圆[②]

焖鸡块[③]

鸡切骰子大块，花椒煮，再用豆粉、酱焖。

【译】将鸡切成色子大的块，加入花椒煮制，再用豆粉、酱进行焖制。

白苏鸡

肥鸡略煨，去骨，加椒、葱、松仁剁碎，包腐皮，酱油、脂油焖。

【译】将肥鸡略煨，去骨，加花椒、葱、剁碎的松仁，用腐皮包裹，用酱油、脂油焖制。

① 原抄本此处只有标题。

② 原抄本此处只有标题。

③ 原抄本此处无标题，为注译者添加。

鸭类[①]

香芋煨鸭[②]

香芋或栗子、茭瓜、菜头，煨油鸭或鸭块。

【译】（略）

虫草煨鸭[③]

年久老鸭肚肉用苏原寄生[④]一两同煨极熟之，最能益人兼（治）耳聋，此秘方也。

【译】取年久老鸭的肚肉用一两虫草一同煨至熟烂，最能有益于人且能治耳聋，这是秘方。

粤西鸭[⑤]

粤西白毛凤头乌骨鸭子，比潮鸭差小，其味甚佳，最补中气，粤东人争购食之，以为珍品，胜如太和鸡云。

【译】粤西的白毛凤头乌骨鸭子，比潮鸭差且个头儿小，但味道非常好，最补中气，粤东的人争相买着吃，认为是珍品，有超过太和鸡的说法。

---

① 原抄本此处无标题，为注译者据原目录添加。

② 原抄本此处无标题，为注译者添加。

③ 原抄本此处无标题，为注译者添加。

④ 苏原寄生：冬虫夏草，亦称“虫草”。是由麦角菌侵入虫草蝠娥等的幼虫，冬季钻入土内，逐渐变成菌核，夏季便从这种在土内潜伏的虫体或菌核上生出有柄的子座。多生于高山草原地上。其性温，味甘，功能补肾肺益，是一味补药。

⑤ 原抄本此处无标题，为注译者添加。

石耳煨鸭[1]

石耳煨去骨整鸭。

【译】（略）

海参煨鸭[2]

肥鸭一只治净，刺参五六两，参用温水略浸片时，板刷刷去粗皮、泥沙，破开，挖去肚内沙泥，洗净切棋子块。先鸭囫囵[3]煮三分熟，去骨切小块，同参块入原汁煨烂，加酱油、酒再煨，用汤瓢食汤如淡墨水色，颇有海参清香气味，最佳。

【译】将一只肥鸭整治干净，取五六两的刺参，将参用温水略泡一会儿，用板刷刷去海参的粗皮、泥沙，将海参破开，挖去肚内的泥沙，洗干净后切成棋子块。先将鸭整个儿地煮至三成熟，去骨后切成小块，同海参块入煮鸭原汤将鸭块煨烂，加入酱油、酒再煨，用汤瓢取汤，汤呈淡墨水的颜色，并有海参的清香气味，这样最好。

菜花头煨鸭

菜花头即油菜头，又名“万年青”。略腌晒半干菜收存听用。鸭切方块，用菜油炸黄，酒、酱油煮极烂，将菜花头以水泡开切细，菜油炒，下鸭锅内，起锅时加洋糖、

① 原抄本此处无标题，为注译者添加。

② 原抄本此处无标题，为注译者添加。

③ 囫囵：整个儿的。

青葱末。

【译】菜花头就是油菜头，又叫“万年青”。将菜花头略腌后晒至半干菜收存备用。将鸭切成方块，用菜油炸黄，加入酒、酱油煮至极烂，将菜花头用水泡开后切碎，用菜油炒过，下入鸭锅内，起锅时加适量白糖、青葱末。

焖鸭

肥鸭切四股下锅，滚后下酒，陆续撇起黄油，烂后捞起，去骨切小方块。山药另煮烂，去皮切小方块，或加青笋、香蕈、冬笋，俱切小方块，一起再下锅，滚透盛起，加瓜子仁、去皮核桃仁、松子仁等，再取黄油浇面上。冬月可用韭菜白，亦须切短。

【译】将肥鸭切成四块后下锅，开锅后下酒，陆续撇起黄油，鸭肉烂后捞起，去骨切成小方块。将山药另煮烂，去皮后切小方块，或加入青笋、香蕈、冬笋，都要切成小方块，一起再下锅，煮透后盛起，加入瓜子仁、去皮核桃仁、松子仁等，再取黄油浇在菜面上。冬天的时候可以用韭菜白，也要切得短一些。

煨糟鸭①

片糟鸭②

① 原抄本此处只有标题。

② 原抄本此处只有标题。

石耳煨鸭[1]

石耳煨去骨整鸭[2]。

【译】（略）

鱼肚煨鸭块[3]

糟鸭[4]

肥鸭煮熟，去骨略腌，用黄酒浸之，即是糟鸭，切骨牌片。

【译】将肥鸭煮熟，去骨后略腌，用黄酒浸泡，便是糟鸭，切成骨牌片吃。

煮鸭肫肝[5]

鸡、鸭肫肝切骰子块，配腌大头菜叶，烂，并可作面浇用。

【译】将鸡或鸭胗、肝切成色子块，配上腌的大头菜叶，煮至烂熟，也可以作为面的浇头用。

瓤鸭舌[6]

瓤肉、火腿、笋、鸭舌。

又，鸭去骨，半边瓤鸭舌。

---

① 原抄本此处无标题，为注译者添加。

② 此条与前文重复。

③ 原抄本此处只有标题。

④ 原抄本此处无标题，为注译者添加。

⑤ 原抄本此处无标题，为注译者添加。

⑥ 原抄本此处无标题，为注译者添加。

【译】（略）

关东鸭

关东鸭蒸熟，片用。

【译】（略）

八宝鸭

鸭切小块，衬火腿、苡仁、莲肉、杂果。

【译】（略）

鱼类[1]

烧鱼片[2]

鱼片用山药、百合烧。

【译】（略）

烧糟鱼[3]

糟鱼去骨，油炸红烧。

【译】（略）

酒烧腌鱼[4]

腌鱼泡淡，以洋糖入火酒[5]烧片刻，即同糟鱼鲜者。鲜鱼亦可照此制也。

【译】将腌鱼泡淡，用白糖加入烧酒烧片刻，就与鲜糟鱼一样。鲜鱼也可以按照这种方法制作。

鱼酱[6]

焖鱼[7]

鸡丁焖鱼或煨。芷果叶焖鱼片，或烧或炒。

---

① 原抄本此处无标题，为注译者添加。

② 原抄本此处无标题，为注译者添加。

③ 原抄本此处无标题，为注译者添加。

④ 原抄本此处无标题，为注译者添加。

⑤ 火酒：烧酒。

⑥ 原抄本此处只有标题。

⑦ 原抄本此处无标题，为注译者添加。

【译】（略）

鲫鱼汤[1]

鲫鱼汤，加火腿片或鲞鱼片，切块。

【译】（略）

醋熘鱼[2]

醋熘鱼做法，一锅滚水鱼，一锅作料，鱼熟投入作料内。

【译】（略）

鲈鱼腊[3]

鲈鱼治净晒干，酱油、酒煮干，烘作鱼腊。

【译】将鲈鱼整治干净后晒干，加酱油、酒煮干，烘烤做成鱼腊。

鲚鱼腊[4]

鲚鱼治净，晒干油煎，酱油、酒作鱼腊装瓶，头须在下。

【译】将鲚鱼整治干净，晒干后用油煎，加入酱油、酒做成鱼腊后装瓶，鱼头要在下面。

煨面条鱼[5]

面条鱼切寸段，火腿煨。

【译】（略）

---

① 原抄本此处无标题，为注译者添加。

② 原抄本此处无标题，为注译者添加。

③ 原抄本此处无标题，为注译者添加。

④ 原抄本此处无标题，为注译者添加。

⑤ 原抄本此处无标题，为注译者添加。

红烧白鱼[①]

白鱼去骨，入花椒盐、酒红烧，肥而嫩。鲥鱼同。

【译】（略）

鱼饺

白鱼去骨切片，香蕈红烧烩。

【译】（略）

螃蟹白鱼汤

蟹腿配白鱼块，洋糖炖，上盘。

【译】（略）

白鱼片拌火腿片

鱼卷火腿，香蕈丝衬。

【译】（略）

白鱼圆[②]

冻白鱼[③]

炖鲟鱼[④]

鲟鱼切方块，油炸煮。

【译】（略）

兰花鱼

鲟鱼去骨红烧。

【译】（略）

---

① 原抄本此处无标题，为注译者添加。

② 原抄本此处只有标题。

③ 原抄本此处只有标题。

④ 原抄本此处无标题，为注译者添加。

虾[1]

烧虾饼[2]

小虾饼用木耳、蒜瓣烧。

【译】（略）

黄雀虾圆

虾仁�烂，用糟黄雀去骨切小块入虾肉，劗为圆，加火腿片、鸡皮并香蕈丝、笋丝起锅，用鸡油、茭白，冬月可加韭菜白少许。

【译】将虾仁剁烂，取糟黄雀去骨后切成小块加入虾肉中，剁碎做成丸，加入火腿片、鸡皮及香蕈丝、笋丝起锅，再加鸡油、茭白，冬天的时候可以加少许韭菜白。

猪肉虾圆[3]

虾圆劗入肉圆，加火腿丁。

【译】（略）

瓶儿菜焖虾圆[4]

瓶儿菜切碎焖小虾圆。

【译】（略）

---

① 原抄本此处无标题，为注译者据原目录添加。

② 原抄本此处无标题，为注译者添加。

③ 原抄本此处无标题，为注译者添加。

④ 原抄本此处无标题，为注译者添加。

虾圆烩豆腐[①]

火腿、花椒盐剸入虾圆用油炸。虾壳熬汤，愈熬愈清，清后捞起壳，入石膏豆腐，起锅用葱、姜。

【译】将火腿、花椒盐剁碎，加入虾丸中用油炸过。将虾壳熬汤，汤越熬越清，汤清后将虾壳捞起，放入石膏豆腐，起锅时加些葱、姜。

炸虾圆[②]

虾圆内剸入火腿末油炸，或用豆腐皮包。

【译】虾丸内加入剁碎的火腿末后用油炸熟，或用豆腐皮包裹后用油炸熟。

炸虾卷[③]

虾肉剸碎，用脂油滚，包卷长条油炸，切段。

【译】将虾肉剁碎，在脂油中滚过，包卷成长条用油炸熟，切段食用。

虾米煨羊肉[④]

虾米肉圆[⑤]

虾米剸入肉圆。

【译】（略）

---

① 原抄本此处无标题，为注译者添加。

② 原抄本此处无标题，为注译者添加。

③ 原抄本此处无标题，为注译者添加。

④ 原抄本此处只有标题。

⑤ 原抄本此处无标题，为注译者添加。

拌鳝鱼

鳝鱼渫熟，勒丝油炸，蒜瓣丝、火腿丝、笋丝、茭白丝、酱油、酒、醋拌。

【译】将鳝鱼汆熟，勒成丝后用油炸过，加入蒜瓣丝、火腿丝、笋丝、茭白丝、酱油、酒、醋进行拌制。

蟹[1]

蟹圆

蟹腿、米粉、蛋清，劗碎作圆，油煎炸。

【译】（略）

七星蟹[2]

螃蟹蒸熟，拆肉，以蟹兜七个装满，用蛋清和脂油、葱花大盘蒸熟，谓之“七星蟹”，味更佳。

【译】将螃蟹蒸熟，拆出蟹肉，用七个蟹兜装满，再用鸡蛋清和脂油、葱花放在大盘里蒸熟，称为“七星蟹”，味道更好。

假蟹油[3]

连鱼拖肚去皮切丁，充雄蟹油。

【译】（略）

蟹炖肉[4]

蟹炖肉，作羹或烧。

【译】（略）

---

① 原抄本此处无标题，为注译者据原目录添加。

② 原抄本此处无标题，为注译者添加。

③ 原抄本此处无标题，为注译者添加。

④ 原抄本此处无标题，为注译者添加。

炒蟹腿[1]

清汤蟹羹

入菜心。

【译】（略）

锅炒蟹

将蟹蒸熟，去黄取肉剉碎，做蟹式，撕成[2]取黄加上，锅烧，名“照壳虾”，装盘。

【译】将蟹蒸熟，去掉蟹黄取肉并剁碎，做成螃蟹的样子，撕成将取出的蟹黄加上，用锅烧，名叫“照壳虾”，烧熟装盘。

蟹羹

用鸡蛋三斤，酱油半酒杯，鸡鸭汁一汤碗，搅打一二千下，蒸膏。然后用鸡油、脂油将蟹肉一炒，汁汤一碗、酱油、酒煮数沸，加碎姜汁半酒杯，葱花一点即起，盛入蛋膏碗内。

【译】用三斤鸡蛋、半酒杯酱油、一汤碗鸡鸭汁，搅打一两千下，蒸成膏。然后用鸡油、脂油将蟹肉炒一下，加入一碗汤汁、酱油、酒煮几开，加入半酒杯碎姜汁，点少许葱花立即起锅，盛入蛋膏碗内。

---

① 原抄本此处只有标题。

② 撕成：何意不详。

豆腐[1]

焖豆腐块[2]

油炸豆腐撕块，入笋米尖或核桃仁，可焖可烧。

【译】将油炸豆腐撕成块，加入笋米尖或核桃仁，可焖也可烧。

黄酒煮豆腐[3]

豆腐用清水不入盐略煮，去净腐气，再煮入黄酒，听用。

【译】将豆腐用清水不加盐略煮一下，去净腐气，再煮并加入黄酒，煮好备用。

豆腐圆

配石耳，白汤焖。

【译】（略）

荠菜烧豆腐[4]

豆腐饺

瓤火腿、笋丁、鸡绒焖。

【译】（略）

扒大豆腐

一二块油炸过，挖空填入肉丁、海参等物，仍以豆腐切

① 原抄本此处无标题，为注译者据原目录添加。

② 原抄本此处无标题，为注译者添加。

③ 原抄本此处无标题，为注译者添加。

④ 原抄本此处只有标题。

块盖好，用脂油煎透，味胜于常。

【译】取一两块豆腐用油炸过，挖空后填入肉丁、海参等食材，用切好的豆腐块盖好，再用脂油煎透，味道比平常做法好。

鲜虾豆腐[①]

新鲜虾仁用菜油一炒，下酒、酱油、姜末即盛起。豆腐切小块煎黄，下木耳、青葱、笋尖，虾仁同下，起锅再用葱末。

又，不用豆腐，冬日大菜心煮烂，以虾仁下之，再加冬笋片。

【译】将新鲜的虾仁用菜油炒，下入酒、酱油、姜末后马上盛起。将豆腐切成小块后煎黄，下入木耳、青葱、笋尖，虾仁也一同下入，起锅时再加葱末。

另，不用豆腐，将冬天的大菜心煮烂，下入虾仁，再加冬笋片。

虾米豆腐[②]

虾米用黄酒泡透，将豆腐煎黄，以虾米下之，加青笋、茭白起锅，用白头韭菜少许。

【译】将虾米用黄酒泡透，再将豆腐煎黄，下入虾米，加青笋、茭白后起锅，可加少许白头韭菜。

---

① 原抄本此处无标题，为注译者添加。

② 原抄本此处无标题，为注译者添加。

瓜蕈豆腐

酱瓜、陈酱、姜切细，将豆腐煎黄，以瓜、姜下之，并用青笋、香蕈末，油多为要，如有毛豆米加入更佳，鸡粉和入豆腐。腐干亦可。

【译】将酱瓜、陈酱、姜切碎，将豆腐煎黄，下入瓜、姜，并加入青笋、香蕈末，油要多一些，如有毛豆米加入更好，将鸡粉和入豆腐。用豆腐干也可以。

鸭脑豆腐

鸭脑丁细块焖豆腐细丁，或捻入豆腐，和好再焖。

【译】用鸭脑丁细块焖豆腐细丁，或者捻入豆腐，和好后再焖。

烧豆腐[①]

火腿、鸭舌烧豆腐。

火腿、冬笋、菜薹烧豆腐条。

【译】（略）

蒸石膏豆腐

内加荤、素等物。

【译】（略）

烩豆腐丁[②]

腌肉卤或火腿丁煮豆腐丁，笋丁、木耳、香蕈、葱末、

① 原抄本此处无标题，为注译者添加。

② 原抄本此处无标题，为注译者添加。

鲜蛏烩豆腐。鸡、虾、火腿绒焖。

【译】用腌肉卤或火腿丁煮豆腐丁，加入笋丁、木耳、香蕈、葱末、鲜蛏来烩豆腐。也可以用鸡、虾、火腿茸焖豆腐。

假鸭脑[①]

豆腐入猪脑充鸭脑，或蒸或炒。

【译】（略）

松仁焖豆腐[②]

松仁去衣劗碎，捻入豆腐蒸熟，切片再焖。

【译】（略）

蒸焖石膏豆腐

素用松仁，荤用鸡丁，入麻油、盐。

【译】做素菜用松仁，做荤菜用鸡丁，加入麻油、盐调味即可。

假冻豆腐

豆腐用松仁，切骨牌片，清水滚作蜂窝眼，入鸡丁再滚，配鸡皮、火腿、菌丁、香蕈焖。

【译】豆腐用松仁，切成骨牌片，用清水煮出蜂窝眼，加入鸡丁再煮开，配鸡皮、火腿、菌丁、香蕈进行焖制。

---

① 原抄本此处无标题，为注译者添加。

② 原抄本此处无标题，为注译者添加。

隔纱豆腐

豆腐劈薄片，夹火腿绒、劗松子仁，豆粉粘住，如此两三层，蒸熟，切条再焖或烧。

【译】将豆腐切成薄片，夹入火腿茸、剁碎的松子仁，用豆粉粘住，如此夹两三层，上笼蒸熟，取出切条再焖制或烧制。

豆腐球

豆腐作球式，外滚米粉、火腿、鸡绒、笋末，蒸烂。

又，荸荠烧豆腐球。

【译】将豆腐做成球的样子，外面滚米粉、火腿茸、鸡茸、笋末，上笼蒸烂。

另，荸荠烧豆腐球。

荷花豆腐[①]

豆腐花加蛋清搂匀略蒸，用铜勺舀作荷花瓣式，或入胭脂水染红色，再焖。又，豆腐去上、下皮，取中心，作荷花片。

【译】将豆腐花加鸡蛋清搂匀后略蒸，用铜勺舀成荷花瓣的样子，或加入胭脂水染成红色，再进行焖制。另，将豆腐去上、下皮后取中心，做成荷花片。

① 原抄本此处无标题，为注译者添加。

烩豆腐圆[1]

豆腐圆烩松仁，火腿丁。

【译】（略）

松仁豆腐

松仁、火腿煨。

【译】（略）

杏仁豆腐

大杏仁去皮，火腿、鸡丁、脂油焖。

【译】（略）

豆腐浇头[2]

豆腐捻碎，少加甜酱、豆粉、木耳丁，麻油炒，并作素面浇头。

【译】将豆腐捻碎，加少许甜酱、豆粉、木耳丁，用麻油炒熟，可以作为素面浇头。

芙蓉豆腐[3]

豆腐脑撇去黄泔，和鸡蛋清，加鲜肉丁或火腿丁，酱油炖，衬青菜心三分长，火腿丁、脂油。又，照式加瓜仁、核桃仁、洋糖，加红色或红姜汁更妙，名曰“芙蓉豆腐”。

【译】将豆腐脑撇去黄泔，和入鸡蛋清，加入鲜肉丁或

---

① 原抄本此处无标题，为注译者添加。

② 原抄本此处无标题，为注译者添加。

③ 原抄本此处无标题，为注译者添加。

火腿丁，用酱油炖制，衬三分长的青菜心，加入火腿丁、脂油后起锅。另，按照制作方法加入瓜仁、核桃仁、白糖，加红色或红姜汁更好，名叫“芙蓉豆腐”。

鱼脑豆腐

鲫鱼脑煮熟，将脑挑出，同豆腐焖。鲤鱼白同豆腐加盐搂碎，入木耳、香蕈、笋尖各丁油炸。并可裹馅，少加豆腐蒸焖。

【译】将鲫鱼头煮熟，将脑挑出，同豆腐焖制。鲤鱼白同豆腐加盐后搂碎，加入木耳、香蕈、笋尖等丁后用油炸过。也可以裹馅，少加豆腐进行蒸焖。

假西施乳[①]

杏酪、豆腐花加鲜肉丁焖，假西施乳。入猪脑捻碎滤净，或鸡肾亦可。

【译】将杏酪、豆腐花加入鲜肉丁进行焖制，这是“假西施乳”。加入猪脑后捻碎并滤净，或用鸡肾也可以。

焖文师豆腐[②]

鲫鱼白焖文师豆腐。鸭舌、鸡肝丁入文师豆腐。

【译】（略）

① 原抄本此处无标题，为注译者添加。

② 原抄本此处无标题，为注译者添加。

蒸豆腐坯[1]

豆腐、鸡蛋清合搂，入铜管蒸，铜管做对开者，配烧海参并各种菜。

【译】将豆腐、鸡蛋清合在一起并搂碎，装入铜管后蒸熟，铜管是对开的，配海参及各种菜进行烧制。

焖豆腐[2]

用海参、冬笋丁、鸭汤或鸡汤、肉煮焖，豆腐入锅加酱油，煮十数沸，并入海参各丁，再入碎葱花，一加即起。或加些须豆腐亦可[3]。

【译】用海参、冬笋丁、鸭汤或鸡汤、肉进行焖煮，豆腐入锅后加酱油，煮十几开，下入海参等各丁，再入碎葱花，加入葱花马上起锅……

① 原抄本此处无标题，为注译者添加。

② 原抄本此处无标题，为注译者添加。

③ 此处何意不详。

腐皮[1]

糟焖豆腐[2]

豆腐入苏州香糟焖。

【译】（略）

烧腐皮[3]

松仁或嫩笋尖烧腐皮。

【译】（略）

素烧鹅[4]

豆腐皮在锅前守看，用竹箸做兜，逐张揭起盛之，如粽包式扎紧，在另锅用水煮，要石块压住，不使跑动，结做一处，如肥嫩鹅，以好酱油或笋卤、糟油蘸食，颇为肥美。

【译】将豆腐皮放在锅前，用竹箸做兜，逐张揭起后盛，像包粽子一样扎紧，在另一锅里加水煮制，煮好要用石块压住，不让动，结在一起，像肥嫩鹅一样，用好酱油或笋卤、糟油蘸着吃，味道非常好。

素黄雀

软腐皮切二寸方块，内包去皮核桃仁，以金针破开束，要菜油炸黄，下清水并酱油、香蕈、青笋、茭白等煮好起

① 原抄本此处无标题，为注译者据原目录添加。

② 原抄本此处无标题，为注译者添加。

③ 原抄本此处无标题，为注译者添加。

④ 原抄本此处无标题，为注译者添加。

锅，加蘑菇、麻油。

【译】将软腐皮切成两寸的方块，里面包入去皮的核桃仁，用金针破开并扎紧，用菜油炸黄，下清水及酱油、香蕈、青笋、茭白等煮好后起锅，加入蘑菇、麻油。

香蕈炒干腐皮[1]

火腿片炒豆腐皮[2]

① 原抄本此处只有标题。

② 原抄本此处只有标题。

生面筋[1]

焖面筋[2]

生面筋劖圆，入木耳、荸荠或嫩笋尖、山药等，加豆粉油炸，焖。生面筋入苏州香糟腌复时，焖。

【译】将生面筋剁碎做成丸，加入木耳、荸荠或嫩笋尖、山药等，再加豆粉后用油炸过，焖熟起锅。将生面筋加入苏州香糟腌一昼夜，焖熟起锅。

烩面筋[3]

生面筋每块切如灰干大，四面细花划开，菜油炸松，撕成小块，油盛起，下清水煮烂，加金针菜、香蕈、青笋（俱用热水泡开）、大茴等物，火候既到，仍下熟油收软，腐皮拆开，破三二张，起锅下酒娘或洋糖，面上加小磨油。

面筋、豆腐入素鲜汁煮过用。

【译】将每块生面筋切成像灰干一样大小，四面划细花，用菜油炸松，撕成小块，把油盛起，将炸好的面筋块下入清水中煮烂，加入用热水泡开的金针菜、香蕈、青笋及大茴香等料，火候到了，再下入熟油将面筋收软，将腐皮拆开，破成两三张，起锅时下酒酵或白糖，菜面上淋小

① 原抄本此处无标题，为注译者据原目录添加。

② 原抄本此处无标题，为注译者添加。

③ 原抄本此处无标题，为注译者添加。

磨香油。

面筋、豆腐下入素鲜汁中煮过用。

大烧素面筋

面筋（大者十块，小者十五块），秋油[①]一斤，大茴四两，皮酒三斤，麻油半斤，天水[②]二茶杯，以酱和之。先将面筋分作两半边，刀切麻酥块，入砂锅加皮酒一斤，酱和天水两茶杯，竹笏隔底，面筋摆上，文火煨滚，入麻油四两、皮酒一斤，盖好，文火煨。俟锅内将干，再添皮酒一斤，放大茴四两，烧数滚，则将大火撤去，文火煨之，面筋透熟，将砂锅拿起，又添油四两，冷时用可。

【译】将适量面筋（大者十块，小者十五块）、一斤好酱油、四两大茴香、三斤皮酒、半斤麻油、两茶杯雨水，用酱调和。先将面筋分成两半边，用刀切成麻酥块，下入砂锅后加一斤皮酒、两茶杯酱、两茶杯天水，用竹笏隔底，摆上面筋，用文火煨开，加入四两麻油、一斤皮酒，盖好盖子，用文火煨制。等锅内汤汁快干时，再添一斤皮酒、四两大茴香，烧几开，便将大火撤去，用文火煨制，等面筋透熟后将砂锅拿起，再添四两油，凉后可食用。

---

① 秋油：好酱油。据清代王士雄撰《随息居饮食谱》载秋油又名母油，以黄豆为原料（略加面粉），在大伏天中经水煮熟，发酵，然后加烧开的盐水，一起放在缸里，置露天，经“日晒三伏，晴则夜露，至深秋得第一批最好”，故名秋油。

② 天水：雨水。

徽干片

徽干片穿核桃仁片焖，或刀片，入香糟腌复时，焖亦可。黄干入芥菜卤浸一宿，臭者亦可取出，洗净，用黄酒或酒娘、洋糖整块加黄菜油干烧。

【译】将徽干片穿核桃仁片进行焖制，或用刀片，加入香糟腌一昼夜，焖制也可以。将黄干加入芥菜卤浸泡一夜，发臭的可以取出，洗净，用黄酒或酒酵、白糖整块加黄菜油进行干烧。

萝卜[1]

萝卜圆

入劏碎荸荠、米粉，油炸，蒸。

【译】将萝卜碎加入剁碎的荸荠、米粉做成丸，用油炸过，上笼蒸制。

虾米煮萝卜[2]

萝卜去皮切块，白水煮烂捞起，不用原水，每萝卜一斤、脂油一两，入锅略炒。虾米研碎，滚水泡透，将虾米入锅，酱油酌量加之，俟虾汤、酱油之汁煮入萝卜，再少加豆粉、葱花、蒜花。

【译】将萝卜去皮后切块，用白水煮烂后捞起，不用原水，每一斤萝卜用一两脂油，入锅略炒。将虾米研碎，用开水泡透，将虾米入锅，加入适量酱油，用加入酱油的虾汤来煮萝卜，再加少许豆粉、葱花、蒜花。

---

① 原抄本此处无标题，为注译者添加。

② 原抄本此处无标题，为注译者添加。

芋苗[1]

松仁烧芋苗[2]

山芋苗挖空入松仁烧。

【译】（略）

糖烧小芋苗[3]

炸芋苗圆[4]

小芋苗劗圆，油炸。

【译】（略）

焖芋苗[5]

芋苗擦浆，用鸡汤焖。

【译】（略）

蒸芋苗[6]

小芋苗挖空填馅，蒸熟。整装馅以炒熟芝麻。

【译】（略）

---

① 原抄本此处无标题，为注译者据原目录添加。

② 原抄本此处无标题，为注译者添加。

③ 原抄本此处只有标题。

④ 原抄本此处无标题，为注译者添加。

⑤ 原抄本此处无标题，为注译者添加。

⑥ 原抄本此处无标题，为注译者添加。

扁豆[1]

扁豆去子，填入椒盐面，或面拖松仁烧。

【译】（略）

① 原抄本此处无标题，为注译者添加。

青豆[1]

青豆去嫩衣，烘干磨末用。

【译】（略）

① 原抄本此处无标题，为注译者添加。

茄勒[1]

寸长嫩茄勒四划，不破头，嵌核桃仁或栗肉烧。

红粉皮烧茄块。

嫩茄劗糜，和面煎饼。

【译】（略）

① 原抄本此处无标题，为注译者据原目录添加。

米粉糕[1]

元宝糕[2]

元宝糕大小黄白不等。先刻元宝木模，一板十个，用米粉填，一半同馅[3]。素用捣烂松仁、洋糖或芝麻、核桃仁；荤用火腿肥丁或𠜱肉小圆。

【译】元宝糕的大小且颜色黄白不等。先刻元宝木模，一板十个，用米粉填入，一半同用素馅，一半同用荤馅。素馅用捣烂的松仁、白糖或芝麻、核桃仁；荤馅用肥火腿丁或小肉丸。

糯米粉糕[4]

糯米粉合豆粉做糕。

【译】（略）

粉点心

先买蒸儿糕等类，和入粉中，即不粘牙。

【译】（略）

① 原抄本此处无标题，为注译者添加。

② 原抄本此处无标题，为注译者添加。

③ 一半同馅：一半同用素馅，一半同用荤馅。

④ 原抄本此处无标题，为注译者添加。

粥类[1]

鸡汤粥[2]

燕窝、火腿丁、鸭舌、鸡皮、晚米、鸡汤煨粥。

【译】（略）

鸭汁粥

或用苡米煨。

【译】（略）

荤汤粥[3]

海参、火腿加肉丝、晚米，荤汤煨粥。

【译】（略）

羊肾粥[4]

鸭丁粥[5]

鸭丁、晚米煨粥。

【译】（略）

野鸭粥[6]

野鸭同鸡肝粥。

---

① 原抄本此处无标题，为注译者据原目录添加。

② 原抄本此处无标题，为注译者添加。

③ 原抄本此处无标题，为注译者添加。

④ 原抄本此处只有标题。

⑤ 原抄本此处无标题，为注译者添加。

⑥ 原抄本此处只有标题。

【译】（略）

羊汁粥[1]

羊肝粥[2]

麻雀粥[3]

麻雀脯丁、火腿、蔓菜、新鲜晚米煨粥。

【译】（略）

牛乳粥[4]

肺羹荤汁晚米粥[5]

炒面煨粥[6]

鸭块粥[7]

鸭块用苡米红汤粥。

【译】（略）

火腿绒煨小米粥[8]

建莲粥[9]

建莲去皮心，用鲜汁先煨八分熟，入晚米、洋糖煨粥。

---

① 原抄本此处只有标题。

② 原抄本此处只有标题。

③ 原抄本此处无标题，为注译者添加。

④ 原抄本此处只有标题。

⑤ 原抄本此处只有标题。

⑥ 原抄本此处只有标题。

⑦ 原抄本此处只有标题。

⑧ 原抄本此处只有标题。

⑨ 原抄本此处无标题，为注译者添加。

【译】（略）

杂果粥[1]

各种果品、红枣去皮。

【译】（略）

核桃杏仁粥[2]

核桃肉、杏仁、徽岳[3]研碎晚米，同洋糖煨粥。

【译】（略）

荠菜粥[4]

荠菜、口蘑、香蕈、嫩笋尖、鲜汁同晚米煨粥。百合同。

【译】（略）

苡米粥[5]

苡米、晚米煨粥。

【译】（略）

糯米粥[6]

豇豆粥[7]

晚米粥[8]

---

① 原抄本此处无标题，为注译者添加。

② 原抄本此处无标题，为注译者添加。

③ 徽岳：疑为徽县。在甘肃东部，邻接陕西，产稻米。

④ 原抄本此处无标题，为注译者添加。

⑤ 原抄本此处无标题，为注译者添加。

⑥ 原抄本此处只有标题。

⑦ 原抄本此处只有标题。

⑧ 原抄本此处只有标题。

绿豆粥[1]

绿豆去皮，入晚米煨粥。

【译】（略）

豆腐粥[2]

豆腐酱、晚米煨粥。

【译】（略）

莲子粉粥[3]

菱粉粥[4]

番茄粥[5]

芋粥[6]

油菜粥

菜须先炒熟。

【译】（略）

松仁粥[7]

竹叶熬汤粥[8]

---

① 原抄本此处无标题，为注译者添加。

② 原抄本此处无标题，为注译者添加。

③ 原抄本此处只有标题。

④ 原抄本此处只有标题。

⑤ 原抄本此处只有标题。番茄：番薯。

⑥ 原抄本此处只有标题。

⑦ 原抄本此处只有标题。

⑧ 原抄本此处只有标题。

西人[1]面食

盒子

馅用鸡肉、韭菜或猪肉，煮用。

【译】（略）

烫面饼

馅听用。

【译】（略）

干炙薄饼

馅听用，切四开供客。

【译】（略）

卷煎饼

摊薄皮，馅用韭菜、猪肉，油煎，不可炸。

【译】（略）

瓠子煎饼

瓠子煎饼，将瓠子擦丝，和入面，加花椒、盐、麻油煎。

【译】（略）

油炸茄饼

茄子切花，内夹内馅，拖面，麻油炸。

【译】（略）

① 西人：指我国西北各省人。

油炸番瓜

法与茄子同。

【译】（略）

水饺

果馅、肉馅俱可。下锅捞起，蘸醋或带汤用。

【译】（略）

猴儿脸肉臊[1]

谷垒[2]、茼蒿拌和干面、椒盐、麻油蒸用。

【译】（略）

米袭子面

米袭子面下粥内，加鸡丝、煎豆腐丝。

【译】（略）

荞麦面饸饹[3]

荞麦面饸饹，同羊肉臊。

【译】（略）

蝴蝶面

盐水和面，擀薄，撕如钱大小，鸡汤肉臊。

【译】用盐水和面，擀薄，撕成像铜钱一样大小，配鸡汤肉臊子。

---

① 肉臊：肉臊子。臊子，指剁好的肉末或切好的肉丁。

② 谷垒：又叫拨烂子，一种面菜混合物。

③ 饸饹：中国北方晋冀鲁豫陕五省的传统特色面食之一，一般均用杂粮面制作。

一窝丝

鸡汤肉臊，与蝴蝶面同。

【译】（略）

鳌糕

面水搅菜，入油摊。

【译】（略）

石子炙[①]

油和面内，包椒盐或包糖，将石子烧红，上下炙之。

【译】油和入面内，包入椒盐或包入糖，将石子烧红，上下烤制。

油卷

酵水发面做饼子，油炸。

【译】（略）

枣糕

发面内嵌去核红枣，蒸。

【译】发面内嵌入去核的红枣，蒸制。

囫囵发面火烧[②]

猴子饼

发面内和椒盐、麻油，作小饼。

【译】（略）

---

① 石子炙：陕西著名的石子馍。

② 原抄本此处只有标题。

破布衫

盐水和面，擀薄，撕大块，用鸡肉汤下。

【译】（略）

问句句

麦面、豆面搅和，用铁勺漏下。

【译】（略）

羊肉火烧

木炭炉烧。

【译】（略）

香脂油饼

生脂油剿葱、椒盐做饼，烙。

【译】（略）

剥皮点心

发，样式随意，蒸用。

【译】（略）

烫面饺

馅用肉、菜皆可，蒸。

【译】（略）

发面包子

馅素、荤听用。

【译】（略）

疙瘩汤

油、醋、椒盐打稠面，如冰糖块式滚起，再入鸡蛋作穗，搅匀，粘浮，面即熟。须用鲜汤。

【译】用油、醋、椒盐将面打稠，像冰糖块一样煮开捞滚起，再放入鸡蛋作穗，搅匀，面疙瘩浮起，面即熟。要用鲜汤。

汤油面饼

如汤碗口大，松而多层。

【译】（略）

白面糖饼[1]

发面饼

如通州火烧式，裹馅用火熯熟。饭碗口大，供客上叉子火烧一盘。

【译】（略）

兰州人做面

兰州人做面，以上白面用蛋清揉入，工夫最久，用指尖随意捏成细条，长丈余而不断，亦绝技也。

蝗螯汁和面，或做饼，或切面，一切鲜汁皆可，如火腿、鸡、鸭、鲜蛏、鲜虾。

芝麻去皮炒熟，研细末和面。

散面入粥搅匀。

---

① 原抄本此处只有标题。

【译】兰州人做面，用上好的白面将鸡蛋清揉入，揉的工夫很长，用指尖随意捏成细条，一丈多长不会断，这也是绝技。

用蜱螯汁和面，或做成饼，或切成面，一切鲜汁都可以，如火腿、鸡、鸭、鲜蛏、鲜虾。

将芝麻去皮后炒熟，研成细末和面。

将散面放入粥内搅匀。

荤汁面

青菜并浇头先行制好，同荤汁另贮一锅，面熟入碗，加上荤汁。素汁面同。

【译】青菜及浇头事先做好，同荤汁另装一个锅内，面熟后装入碗，加上荤汁即可。素汁面的做法与此相同。

浙江鲁氏酒法

造曲

造曲在伏天，将上白早米一斗，白面三升，水浸米一时取起，稍干拌面。纸做二十六封，挂南梁通气处，一月取下捣擦，晒露四十九日夜，收贮。

【译】造曲应在伏天，取上好的一斗白早米、三升白面，用水浸泡米一个时辰后取起，稍干后拌面。用纸做二十六封，挂在南梁的通气处，一个月后取下捣擦，日晒夜收四十九天后收贮。

造饼药

七八月以早稻米磨粉，用蓼汁为丸，梅子大，用新稻草垫，以蒿覆，或以竹叶代，再加稻草密覆七日，晒干收贮。

【译】在七八月的时候用早稻米磨粉，用蓼汁做成丸，像梅子一样大，用新稻草垫底，上面盖上蒿，或用竹叶替代，再加稻草严实地盖上七天，晒干后收贮。

造酵[1]

造酵用小缸，如做白酒坛。每斗用药二丸或三丸，多则味老，少则味甘。俟三日浆足，入大缸，如后法造。用米一石三斗，水浸四五日捞起，蒸饭摊冷，用前酵以米七斗共入曲末十八斤，饼药八两，下水一石二斗，密盖厚围，俟发响

① 造酵：发酵。

揭开，仍盖一日，打扒一次，连打六日足，用方榨。

【译】发酵时要用小缸，就像做白酒的坛子。每斗用药两丸或三丸，多则味老，少则味甘。等三天后浆满，装入大缸，像后法一样造：一石三斗米，用水浸泡四五天后捞起，蒸成饭后摊开晾凉，用前面的酵及七斗米共入十八斤曲末、八两饼药，再加一石二斗水，盖严并厚厚地围裹，等发响后揭开，仍盖一天，打扒一次，连打六日就可以了，用的时候再榨。

金坛酒造曲

用白籼米布包踏饼，稻草盖罨[①]七日，晒干收贮。酿如前酵三斗，俟浆足，用粘米七斗，以滚水沃之，急用冷水灌之，浸一宿，取起炊饭[②]，摊冷，用面十四斤，同酵下缸，入水一百二十斤，如前打扒，足月榨。

【译】将白籼米布包好踏成饼，盖上稻草七天，晒干后收贮。酿成前面一样的三斗酵，等浆满了，再用七斗黏米，用开水泡，再马上灌入冷水，浸泡一夜，捞起蒸成饭，摊开晾凉，用十四斤面，同酵一并下缸，加一百二十斤水，像前面一样打扒，足月后再榨。

秋露白酒

用米三斗，用饼药作白酒，七日后入米曲末三两，入水

① 罨（yǎn）：覆盖。

② 炊饭：蒸饭。

拌匀三十六斤，火酒半斤，封缸，逐日打扒，澄缸即可饮。夏月亦可造。

【译】用三斗米和饼药来做白酒，七天后下入三两米曲末，加入三十六斤水后拌匀，加半斤烧酒，封闭缸口，每天打扒，澄清缸便可饮用。夏天也可以造。

酿造、酱腌、收藏等法[①]

酒豆豉

用黑豆、莳萝各二两，陈皮四两，砂仁一两，花椒□□□□[②]斤炒盐，酌用黄酒三十、酱油四十碗浸烂，加甘草、官桂各二两同拌浸，晒大黑豆一斗，如常盦法[③]，晒干晒好，四面转晒。其作料内杏仁最要制得法，泡去皮，滚水飞淬[④]，冷淬捞起，又飞又淬，共七次，其杏仁方极淬而甜白。

【译】用二两黑豆、二两莳萝、四两陈皮、一两砂仁、□□斤花椒炒盐，酌量用三十碗黄酒、四十碗酱油泡烂，加入二两甘草、二两官桂一同拌匀并浸泡，晒一斗大黑豆，像平常盦法一样，将黑豆晒干晒好，四面转着晒。其作料内的杏仁最需要制作得当，将杏仁泡去皮，用开水飞淬，冷淬后捞起，再飞再淬，一共七次，这样做出来的杏仁又甜又白。

酱油法

每豆一斗，面十斤，要甜多用面数斤，水一百斤，盐二十斤。

【译】每一斗豆用十斤面（如果想要酱油甜就多用几斤

① 原抄本此处无标题，为注译者添加。

② 原抄本此处字迹不清。

③ 盦法：覆盖罨黄法。

④ 淬（cuì）：把物品加热到一定温度后放在水、油或空气中迅速冷却。

面）、一百斤水、二十斤盐。

甜酱法

每豆一斗，炒香磨碎，面一百斤，每面一斤用盐四两。

【译】每一斗豆（炒香后磨碎）用一百斤面，每一斤面用四两盐。

酱瓜法

六月六日午时，汲井水和面，不拘多少蒸作卷子，用黄蒿铺盖[1]，三七日[2]取出晒干，刷净碾细听用。秋后每面一斤，瓜二斤，盐半斤，腌三日，一层瓜，一层面，铺好缸内，逐日盘之，日久方好止。

【译】农历六月六日午时，打来井水和面，不论数量多少都蒸成卷子，卷子下面铺黄蒿、上面盖黄蒿，二十一天后取出晒干，刷干净并碾碎后备用。秋后的时候每一斤面用两斤瓜、半斤盐，腌渍三天，再一层瓜、一层面码在缸内，每天翻一翻，时间久了才好，好了就停止翻动。

米酱瓜茄

小麦一斗煮熟，摊稍温，楮树叶衬盖盦七日，晒干为末。另以糯米一斗煮烂饭摊冷，用盐三斤，拌米饭、麦末极匀，入缸晒，每早翻转再晒。满七日，将瓜三十斤、茄二十斤，用盐七斤腌一日，夜取起瓜入酱缸内，再一宿取茄入酱

---

① 黄蒿铺盖：指卷子下面铺黄蒿、上面盖黄蒿。

② 三七日：二十一天。

缸，瓜茄入缸亦每日翻转，至七日外取起晒干，其茄榨油方踩收贮。如再入瓜茄，如前腌入。

【译】将一斗小麦煮熟，摊开晾稍温，取楮树叶来衬盖盦黄七天，再晒干成麦末。另用一斗糯米煮成烂饭后摊开晾凉，用三斤盐将米饭、麦末拌得非常均匀，装入缸中晒制，每天早上将米饭、麦末翻转后再晒。满七天后将三十斤瓜、二十斤茄，用七斤盐腌一天，夜里将瓜取起下入酱缸内，再一夜取茄下入酱缸，瓜、茄入缸后也要每天翻转，直到七天后取出晒干，茄要踩榨出油才可以收贮。如果再下入瓜、茄，按照前面方法先腌再入。

酱瓜茄姜

炒黄豆一斗为末，入面二十和面饼，入黄晒，晒干为末。每黄一斤，鲜瓜一斤，炒盐四两分作九分擦瓜，每日擦三次，三次擦完，将酒放下，每黄一层，瓜一层，剩下黄将盐拌盖上，封固。七日盘一次，盘六次或五次，入腌过茄子，每豆一斗，茄子五十个，后以刀豆滚水焯过下之，封固后入姜四五斤，放透风处，半阴半阳，不宜晒。

【译】将一斗炒黄豆碾为末，加入二十斤面和成面饼，入黄后晒制，晒干后碾成末。每一斤黄，一斤鲜瓜，将四两炒盐分成九份来擦瓜，每天擦三次，三次擦完后将酒放下，每一层黄、一层瓜，剩下的黄将盐拌后盖在上面，封闭严实。每七天翻转一次，翻转五次或六次后下入腌过的茄子，每一斗豆下入五十个茄子，再下入开水焯过的刀豆，再下入四五斤姜后封闭严实，放在通风处，半阴半阳，不要晒到。

又方[①]

炒黄豆三斗，炒面三斗，生面七斗，共滚水和作饼，蒸熟盦黄。每饼一斤盐四两下缸，用新汲水淹之，再取出晒之。

【译】将三斗炒黄豆、三斗炒面、七斗生面一同用开水和成饼，蒸熟后盦黄。每一斤饼加四两盐后下缸，用新打来的井水浸泡，再取出晒制。

豆豉

黄豆一斗，晒干去皮；菜瓜丁三升，要一日晒干；杏仁三升，煮去皮，米再煮再浸共五次，淬冷水再浸半日，以无药味为要。砂仁、大茴、小茴、川椒、陈皮各四两，姜丝一斤，紫苏十斤，阴干铺底，甘草四两，陈酱油十碗。将前药拌匀，如干粥盛缸内，闷一宿。如干，再照前酱油、酒数[②]拌匀，装饼要装结实，泥头[③]四面二十一日。

【译】将一斗黄豆，晒干后去皮；将三升菜瓜丁，用一天的时间晒干；将三升杏仁煮后去皮，将米再煮再泡共五次，淬冷水后再浸泡半天，直到没有药味为止。取四两砂仁、四两大茴香、四两小茴香、四两川椒、四两陈皮、一斤

① 又方：实为“做酱方”。

② 酒数：疑为衍文。

③ 泥头：用泥封口。

姜丝、十斤紫苏（阴干后铺底）、四两甘草、十碗陈酱油。将以上这些料拌匀，像干粥一样盛入缸内，闷一夜。如果干，就再按照前面方法加酱油拌匀，装饼时要按瓷实，用泥封口及四周需二十一天。

又法[1]

小茄五斤，入冷灰内一昼夜取出，白酒糟三斤，盐一斤，河水一碗。

【译】将五斤小茄子放入冷灰内一昼夜后取出，用三斤白酒糟、一斤盐、一碗河水来糟制。

十香瓜

牛角菜瓜切片腌半日，即榨去汁，以姜丝、莳萝、杏仁拌匀，布袋盛，入甜酱内。

【译】将牛角菜瓜切成片腌渍半天，立即榨去汁，用姜丝、莳萝、杏仁拌匀，盛入布袋，再放入甜酱内。

酱瓜

极生菜瓜剖开瓤，洗净晒一日，候微干，入陈甜酱酱之。过秋，候瓜肉透红色，以甜酱油洗去瓜上甜酱，蒸笼蒸透，取出晒干，卷之收贮听用。久之不坏，且甜净美口。

【译】选非常生的菜瓜剖开后去瓤，洗净后晒一天，等瓜微干，放入陈甜酱中酱制。过了立秋，等瓜肉透出红色，用甜酱油洗去瓜上的甜酱，上蒸笼蒸透，取出后晒干，将酱

---

① 又法：实为“糟茄法”。

瓜卷起来收贮备用。时间长了也不会坏，且味道甜美。

豆腐乳法

每豆八升，红曲六两，大茴四两，酒酱[1]六斤，火酒六斤，封一月。即以豆腐压干寸许方块，用炒盐、红曲和匀，腌一宿，次用连刀[2]白酒，用磨细和匀酱油，入椒末、茴香灌满坛口，贮收六月更佳。腐内入糯米少许。

【译】每八升黄豆需六两红曲、四两大茴、六斤甜酱、六斤烧酒，封闭一个月。即将豆腐压干后切成一寸左右的方块，用炒盐、红曲和匀，腌一夜，再用连刀白酒，用磨细且和匀的酱油，加入花椒末、茴香灌满坛口，收贮六个月后食用更好。豆腐内加入少许糯米。

茄腐法

早茄一百个，大黑豆三升。茄切小块，用香油十两、砂糖八两、酱油一碗，将油熬过后，以酱油和糖入锅煮茄，勿大烂。滤去，存汤在锅，以豆煮之，各晒干，余汁在泡茄内并一处，收藏茄，无豆亦可。

【译】取一百个早茄、三升大黑豆。将茄切成小块，取十两香油、八两砂糖、一碗酱油，将油熬过后，用酱油和糖下入锅内煮茄，不要把茄煮得很烂。滤出茄子，汤汁留在锅中，再煮豆，将煮好的豆、茄均晒干，剩下的汤汁再合并一

---

① 酒酱：似应为“甜酱”。

② 连刀：似酒的牌子。

处，将茄收藏，没有黑豆也可以。

收青果法

白萝卜切片，一层青果，一层萝卜，收瓷瓶内，久而不干。又，以马蹄[1]松切碎收，亦妙。

【译】将白萝卜切成片，一层青果，一层萝卜，收在瓷瓶内，时间久而不会干。另，同切碎的荸荠一并收贮也很好。

制香橼

破四五瓣，不劈开，去内粗丝及核，用河水泡五六日，每日换水。取起榨干，用洋糖入蜜少许，同香橼熬干，以一炷香为度，成饼。

又，香橼皮切丝，用河水浸去皮、瓤、丝，河水浸如前，用热蜜、洋糖熬成酱圆。

【译】将香橼破成四五瓣，不要劈开，去掉里面的粗丝及核，用河水浸泡五六天，每天换水。将香橼取出榨干，用白糖加少许蜜，同香橼熬干，熬一炷香的时间，熬成饼。

另，将香橼皮切丝，用河水浸泡去掉皮、瓤、丝，河水浸泡方法如前，用热蜜、白糖将香橼熬成酱丸。

制橄榄

（即贡榄）

大橄榄一百枚，瓷片刮去皮投水中，刮完。铜锅下蜜一

① 马蹄：荸荠。

斤，双梅三五枚，和匀橄榄，先武后文[①]熬，不住手搅，以汁尽为度，取起晒干。

【译】取一百枚大橄榄，用瓷片刮去皮后投入水中，全部刮完。铜锅下一斤蜜、三五枚双梅，将橄榄和匀，先大火后小火进行熬制，不断地搅动，直到汤汁没了为止，将橄榄取出晒干。

藏核桃肉

桃肉入锅炒，用棕刷刷衣[②]，用新炒米埋入坛中，久不油[③]。

【译】将核桃肉放在锅里炒，用棕刷刷去薄膜，放在有新炒米的坛中，时间长了不会走油。

熟栗

将栗俟次近锅底至锅边俱排好，锅脐[④]中少着水，用纸一层盖栗上洒湿，盖锅微火煮，片时即熟。

【译】将栗子紧靠近锅底直到锅边全都码好，锅底中放少量水，用一层纸盖在栗子上面并用水洒湿，盖上锅盖用微火煮，一会儿就熟。

收梨

白萝卜尾挖空，将梨蒂插入尾内，久之不干。

---

① 先武后文：先武火（大火），后文火（小火）。

② 衣：核桃肉上的薄膜。

③ 久不油：久不走油。

④ 锅脐：锅底。

【译】将白萝卜尾部挖空，将梨蒂插入萝卜尾内，梨久放不干。

收诸果

半熟摘下，用腊雪水净之，以一层麻布、一层棉布扎坛头，柿漆[1]涂之，可收三年。凡果要有衣者。

【译】将果子半熟时摘下，用腊月的雪水洗净装坛，用一层麻布、一层棉布扎紧坛口，用柿漆涂抹，可以收藏三年。果子要有外皮。

又收法

开花时，如李子大即用油纸袋以线缚之，至霜后摘之。七日换一白果在蒂上，可收二年。

【译】果树开花时，果子像李子一样大就套油纸袋用线绑好，直到霜后再摘下。七天换一白果在蒂上，可收藏两年。

面筋

面筋切棋子块，装鹅肚内煮极烂取出，用荤酱油[2]浇之，极美。

【译】将面筋切成棋子块，装入鹅肚内煮至非常烂后取出，浇上荤酱油，味道非常好。

---

① 柿漆：将椑柿捣碎所浸出的汁液。因涂附物上可防腐御湿，多用以漆涂器物，故称。明李时珍《本草纲目·果二·椑柿》："捣碎浸汁谓之柿漆，可以染罾、扇诸物，故有漆柿之名。"

② 荤酱油：见下条。

荤酱油

糯米三升蒸饭，猪油五斤切块，同曲拌作酒，五六月后，酒熟则油化，榨去酒浆，和盐下酱黄晒，撇油如常法，其油鲜美。

【译】取三升糯米蒸饭，五斤猪油切块，同曲拌成酒，五六个月后，酒熟则油化，榨去酒浆，和入盐、酱黄后晒制，撇油按平常的方法，荤酱油非常鲜美。

榧酥法

榧子去壳烘极热，米泔水熬之，取起去皮再烘热，复以冷水激之，如前再一次，则榧子酥不可言矣。

【译】将榧子去壳并烘至极热，用淘米水熬制，取起并去掉皮再烘热，再用冷水激一下，按照前面做法再来一次，则榧子酥得不能用语言表达。

油酥法

重罗[①]上白面，将荸荠、水、洋糖、熟猪油和面为酥，内包洋糖、瓜仁等果，入锅烙熟，酥美异常。

【译】取细罗筛筛过的上好的白面，用荸荠、水、白糖、熟猪油和面做成酥，里面加白糖、瓜仁等果仁，在锅中烙熟，味道酥美异常。

---

① 重罗：细罗筛。

柑桔

（化痰清火）

玄明粉[①]、半夏、青盐、百药煎[②]、天花粉[③]、白茯苓（各五钱）、诃子[④]、甘草、乌梅去核（各二钱）、硼砂、桔梗（各三钱），以上俱用雪水煮半干，去渣澄清，取汤煮柑桔，炭火微烘，翻二次，每次轻轻细捻，使药味尽入皮内，如捻破水出，即不妙矣。

【译】玄明粉、半夏、青盐、百药煎、天花粉、白茯苓各五钱，诃子、甘草、去核乌梅各两钱，硼砂、桔梗各三钱，将以上药材全用雪水煮至半干，去渣后澄清，取汤来煮柑橘，煮过的柑橘放在炭火微烘，要翻动两次，每次翻时用手轻轻细捻，使药味尽入皮中，如果把皮捻破出水就不好了。

变蛋

栗灰或豆荚灰，荞麦灰亦可。每灰一斗，用盐二十四两，先将蛋一百二十枚放水桶内，用扁柏[⑤]、湘潭茶、红梗花、芥末菜煎汤浇蛋上，泡透候干，洗去，用煎灰加石灰

① 玄明粉：中药。有泻热通便、软坚散结、清热解毒、清肺解暑、消积和胃的功效。

② 百药煎：中药。由五倍子同茶叶等经发酵制成的块状物，主要用于呼吸系统以及消化系统的治疗与调理。

③ 天花粉：中药。有清热泻火、生津止渴、排脓消肿的功效。

④ 诃子：乔木。果实供药用，能敛肺涩肠、为治疗慢性痢疾的有效良药。幼果干燥后通称“藏青果”，治慢性咽喉炎、咽喉干燥等。

⑤ 扁柏：又称柏树、侧柏、香柏。

一碗同于锅内炒热，即将浇蛋水调灰包蛋，水砻糠隔开[1]装坛。

又，买苏州白炭灰十斗、湘潭茶叶二斤、块石灰二十五斤，如在二三月用，不须增减，若在四五月用，减去石灰二三斤。盐十三斤，蛋洗净三千八百个，外用扬州芦柴灰滚，再入砻糠滚，隔别[2]装坛。

【译】取栗子灰或豆荚灰，荞麦灰也可以。每一斗灰用二十四两盐，先将一百二十枚蛋放入水桶内，用柏树、湘潭茶、红梗花、芥末菜煮水浇在蛋上，泡透后等蛋干再洗干净，用煎好的灰加一碗石灰同放入锅内炒热，再将浇蛋的水调和灰后包裹蛋，将蛋之间用砻糠隔开装坛。

另，买苏州十斗白炭灰、两斤湘潭茶叶、二十五斤块石灰，如在二三月时用，用量不须增减，若在四五月时用，要减去两三斤石灰。用十三斤盐，将三千八百个蛋洗净，外面滚上扬州芦柴灰，再放在砻糠里滚，将蛋装坛并隔开。

酥鱼

小鲫鱼新鲜者五斤洗净，好皮酒五斤，香油、猪肉各一斤半，椒十五六粒，葱二三斤，很好酱一碗，鱼入锅，将水加满，缓煮一复时，如淡加酱油，待火候足，将鱼轻轻取起，所余之汤收贮，待用鱼时，入汁些许润之。

---

① 水砻糠隔开：似指用砻糠隔开。“水”似为衍文。

② 隔别：隔开。

【译】将五斤新鲜的小鲫鱼洗净，取五斤上好的皮酒、一斤半香油、一斤半猪肉、十五六粒花椒、两三斤葱、一碗上好的酱放入锅中，将鱼放入锅中，加满水，小火煮一昼夜，如果口味淡就加些酱油，等火候到了，将鱼轻轻取起，将剩下的汤收贮，待吃鱼时，加入少许汤汁来滋润鱼。

煨肥鸡、鹅、鸭

每日一只，用硫黄末半分入米内煨之，一七验[1]。

【译】每天一只鸡或鹅、鸭，用半分硫黄末入米内进行煨制，一连吃七天，便可见到效果。

焙鸡法

鸡一只煮半熟，剁小块，锅内入脂油少许，烧热，将鸡略炒，以镟子盛，碗盖之，烧极热，酒、醋相拌，入盐少许烹之，候干又烹，如比数次，候十分酥为妙。

【译】将一只鸡煮至半熟，剁成小块，锅内下入少许脂油，烧热，将鸡略炒一下，取出用镟子盛，用碗盖住，烧至非常热，用酒、醋拌匀，再放入少许盐烹制，等干后再烹，这样烹制几次，等鸡非常酥了就好了。

夏日腌鸭

鸭用炒盐腌，揉软，竹竿高挑晒半日，煮，胜于腊腌。

【译】将鸭用炒盐腌过，揉软，用竹竿高挑晒制半天，再煮，这样做超过腊腌。

① 一七验：一连七日验。意思是一连吃七天，便可见到效果。

酠蟹

蟹十斤，酒六斤，酱油五斤，炒盐一斤，作料听用。

【译】（略）

糟蟹

取螯[①]脚全蟹十只洗净，收置稀眼篮内吊起，风干一复时，将脐揭开，螯脚以线扎之，即放坛内，用糟和盐，其盐酌咸淡加之，花椒四合半，胡椒、大料、茴香各合半，甘草一合同糟，每蟹一层盖糟一层，糟好取起供用。

又，三十团脐不用尖，好糟斤半半斤盐，好醋半斤斤半酒。听君留供到年边[②]。

【译】将十只蟹钳、蟹爪都齐全的蟹洗净，收置在稀眼篮内并吊起，风干一昼夜，将蟹脐揭开，用线把蟹钳、蟹爪扎好，放在坛内，用糟和盐，加入的盐量要考虑口味的咸淡，取四合半花椒、一合半胡椒、一合半大料、一合半茴香、一合甘草一同糟制，每码放一层蟹就盖上一层糟，将蟹糟好后取出食用。

另，三十团脐不用尖，好糟斤半半斤盐，好醋半斤斤半酒，听君留供到年边。

虾松

大虾煮熟，去尽皮须，将快刀细切烂。好酱瓜姜切极

---

① 螯：蟹钳。

② 该段“糟蟹歌”在卷五“糟蟹”条中已载。此处重复，唯末句不同。

细，入香油同熬熟取起，即将虾置锅，微微火炒，使肉渐松，瓜姜拌油一同炒，黄色即取起。要看火候，如火略大便焦不堪用矣。江南白虾有子，更妙不可得，草虾亦可。

【译】将大虾煮熟，去净虾皮、虾须，用快刀切得很碎。将上好的酱瓜姜切得很碎，放入香油一同熬熟后取起，马上将虾放入锅中，用极小的火炒制，使虾肉渐松，用酱瓜姜拌油后一同炒制，颜色变黄后取起。炒制时要看火候，如果火略大，虾焦了就不能食用了。江南的白虾有卵，非常好且不容易得到，选用草虾也可以。

虾松法

亦如肉松法。先将猪油少许涂锅，将虾水逼干，次将盐、酒、醋、椒料入锅内同炒极干。如淡，再加作料炙之，取出烘干成末。

【译】做虾松也像做肉松的方法。先用少许猪油涂锅，将虾水逼干，再将盐、酒、醋、花椒等料下入锅内一同炒至极干。如果口味淡，再加些作料烤制，烤好后取出烘干并碾成末。

醉蛤蜊

蛤蜊十斤，先用白酒泡，晾干，再用白酒二斤、酱油一斤、椒半□[①]许醉之。醉蟹盐料纳脐。

【译】将十斤蛤蜊先用白酒浸泡，晾干，再用两斤白

① 原抄本此处字迹不清。

酒、一斤酱油、花椒（用量不清）进行醉制。醉蟹时要将盐料放在蟹脐内。

肥蛤

用水洗净，将豆粉调和涂口一线，米泔浸一宿取起，肥大异常。

【译】将蛤用水洗净，将豆粉调和后涂在蛤口形成一条线，用淘米水浸泡一夜后取起，蛤会非常肥大。

田螺蛳

用螺大者，去尖纳盐，炝[①]熟切片，壳内汁用猪油、椒料收之。

【译】选用大个儿的田螺，去掉尖放入盐，炝熟后切片，壳内的汁用猪油、花椒等料收汁。

糟泥螺

先将泥螺用白水与白酒泡淡，后用白酒娘一分、虾油三分和匀，以泥螺用洋糖拌过，半月浸入坛便好，甜糟亦妙。

【译】先将泥螺用清水和白酒泡淡，再将一分白酒酵、三分虾油和匀，把泥螺用白糖拌过，浸入坛中半个月就好了，甜糟也很好。

黄雀

用时将酒洗净，糟以精肉，碎切包之，外以豆腐皮包数层煮熟。

---

① 炝：将田螺稍煮后取出，加入调味品。

【译】食用时用酒将黄雀洗净，取瘦肉糟，再切碎后包裹，外面包裹几层豆腐皮后煮熟。

风肉

腊月四九头，取不犯水猪肉[①]一方，挂当风处有日[②]，次年夏月取煮，别有一种风味。

【译】在腊月四九的头几天，取一方没有泡过水的猪肉，挂在通风的地方很多天，第二年的夏天取来煮制，别有一番风味。

腊肉

肥嫩猪肉十斤，切二十段，盐八两、酒二斤调匀，猛力揉之，其软如棉，大石压去水，十分干，以剩下腌水涂之肉上，篾挂当风处。

【译】将十斤肥嫩猪肉切成二十段，把八两盐、两斤酒调匀后用力来揉猪肉，使肉软得像棉一样，用大石头压去猪肉中的水分，压得十分干，用剩下的腌肉水涂抹在肉上，用竹篾将猪肉挂在通风的地方。

千里脯

牛、羊、猪俱可。煮一斤肉，一斤酿酒，二盏淡醋，白盐四钱，冬日三钱，茴香、花椒末各一钱，拌一宿，文武火煮，令汁干，晒之。

---

① 不犯水猪肉：没有泡过水的猪肉。

② 有日：多日，数不清的日子。

【译】做千里脯用牛、羊、猪肉都可以。煮一斤肉，用一斤酿酒、二盏淡醋、四钱白盐（冬天时用三钱白盐）、一钱茴香、一钱花椒末，将肉拌后腌一夜，腌后用文、武火煮制，将汤汁煮干后晒制。

肉松

取精肉，不用肥，不拘多少。入锅煮熟，切细入原汁煮干，味淡加作料再煮。取出烘干成末，不用酱油，微火徐徐炒之。

【译】取瘦肉，不要用肥肉，不论肉的数量多少。将肉下锅煮熟，切碎后再下入原煮肉汁中将汤汁煮干，如果味道淡就加作料再煮。肉煮好后取出烘干并碾成末，不要用酱油，用微火慢慢炒制。

暑月收藏鲜肉

每十斤用盐照常[①]，腌半刻[②]，用醋一碗反复浸半刻，又用麻油一钟浇透，或煮或晒或火烘，听用。不生蛆，不臭不烂。

【译】每十斤鲜肉用盐跟平常一样，腌渍半刻钟，用一碗醋反复浸泡半刻钟，再用一钟麻油将肉浇透，肉采用煮、晒、烘烤都可以，做好后备用。这样做肉不会生蛆，也不会臭且不腐烂。

---

① 照常：依照通常情形；跟平常一样，没有变动。

② 半刻：一刻之半。古代以铜漏计时，一昼夜分为一百刻。半刻约现在的七分十二秒。

蒸猪肉头

猪肉剁开，浸去血水，略焯，将皮上毛去极净，煮微熟取起，又上下两开，去皮，将刀划皮成小块，刀切微深些，以椒盐、大料擦皮上，擦到再入蒸笼，蒸之极烂。笼内微用酒洒，不用刀切。

【译】将猪头肉剁开，浸泡去掉血水，用开水略焯一下，将皮上的毛去得非常干净。再将猪头煮微熟后取起，上下两开，去皮，用刀将皮划成小块，刀要切得稍微深一些，用花椒盐、大料来擦皮。将猪头全部擦到后再放入蒸笼，蒸至熟烂。蒸笼内稍微洒些酒，不要用刀切。

水晶肉圆

候极好晴天，将蒸熟无馅馒头去皮，晒极干碾粉。肥肉切小丁微剁，精肉不用，入前碾粉，如常蒸肉圆法。藕粉不碾粉[①]。

【译】等到了非常好的晴天，将蒸熟的无馅馒头去掉皮，晒制非常干后碾成粉。将肥肉切成小丁后稍微剁一下，不要用瘦肉，加入碾好的馒头粉，像平常蒸肉丸的方法一样来制作。如果用藕粉，就不必再碾粉。

腌火腿

用醋少许拌擦，则盐味易入。

【译】用少许醋拌盐来擦火腿，这样容易入味。

① 藕粉不碾粉：如果用藕粉，就不必用馒头碾的粉。

炸鱼

鲜鲫鱼治净，微腌少刻，用石压，再洗净，铺板上晒极干。用时，将砂糖和浓汁搽[1]鱼二面，入油锅炸黄取出，花椒煎过的滚醋，趁鱼出油时赶热拖之。

【译】将新鲜的鲫鱼整治干净，微腌一会儿，用石头压过，再洗净，放在铺板上晒干。用的时候，将砂糖和浓汁涂抹鱼的两面，再放入油锅炸黄后取出，加花椒煮开的醋，趁鱼出油的时候趁热蘸醋。

鱼鲊

青鱼治净切块，每十斤炒盐十二两，以六两拌鱼，须二三次将鱼榨干。椒末六钱、白酒药四丸、细曲五合为末和盐，将鱼拌匀，收小坛中一二日。用石压定，天热二七日，天寒三七日，麻油拌匀收小坛，再以石子压定，用麻油灌满。

【译】将青鱼整治干净后切成块，每十斤鱼用十二两炒盐，先用六两炒盐拌鱼，须拌两三次将鱼榨干水分。将六钱花椒末、四丸白酒药、五合细曲末和入剩下的盐中，将鱼拌匀后装入小坛中一两天。再将鱼取出用石头压好，天气热时需要压十四天，天气寒冷时需要压二十一天，将鱼压好后用麻油拌匀再装入小坛，用小石子压住，坛中灌满麻油。

① 搽：涂，抹。

鳇鱼

鳇鱼干短段，米泔水浸软，洗净入锅煮，趁热将手搓熬，溶水成膏，切方块以矾水泡收。夏日勤易水，即可久而不坏。用时即取起，切薄片，加香料、麻油，如鱼鲊法。

【译】将鳇鱼干切段，用淘米水泡软，洗净后放入锅中煮制，趁热用手边搓边熬，使鳇鱼溶入水中变成膏，切成方块用矾水浸泡着收贮。夏天的时候要勤换矾水，便可以久存不坏。用时取出，切成薄片，加香料、麻油吃，就像吃鱼鲊一样。

卷七

蔬菜部

蔬菜部

小菜佐食，如府吏胥徒[①]佐六官[②]也，醒脾解浊[③]全在于斯[④]，作小菜部。

【译】（略）

---

① 胥徒：本为民服徭役者。后泛指官府衙役。

② 六官：指《周礼》中的天官冢宰、地官司徒、春官宗伯、夏官司马、秋官司寇、冬官司空，又称为六卿。隋唐以后，用以统称吏、户、礼、兵、刑、工六部尚书，大致和《周礼》六官分职相当，也统称为六官。

③ 醒脾解浊：消遣解闷。

④ 斯：这里。

笋类

燕笋

（正月有，三月止）[①]

芽笋

（一名淡笋。三月有，五月止）[②]

龙须笋、摇标笋

（四月有，五月止）[③]

边笋

（六月有，九月止）[④]

冬笋

（十月有，次年二月止）[⑤]

毛笋

（二月有，五月止）[⑥]

笋干

笋干有雷笋、羊尾笋、笋衣、闽笋、笋片。

【译】（略）

---

① 原抄本此处只有标题。

② 原抄本此处只有标题。

③ 原抄本此处只有标题。

④ 原抄本此处只有标题。

⑤ 原抄本此处只有标题。

⑥ 原抄本此处只有标题。

取笋法

取笋宜避露，每日掘深土取之，旋得旋投密竹器中，复以细草，见风则触本坚，入水则浸肉硬，脱壳煮则失味，着办则失气，采而久停非鲜也，蒸熟过时非食也，如此然后可与言笋。用麻油、姜杀笋毒。滚水下笋则易熟而脆。苔毛笋、龙须笋有莶味者，入薄荷少许即解。

【译】采竹笋要避开露水期。每天挖取笋时要掘开深土，保持笋根或笋衣完整。一挖离土就要立即放进竹篓子里装盛，盖上细草，因为竹笋自身性质娇嫩，见风就会发干，泡水就会使肉质变硬。不可不制而久放。不可去壳煮笋，不可蒸煮过度，否则就会失去原汁原味。只有做到这些，才配谈论竹笋的滋味。用麻油、姜能够杀掉笋毒。用开水来煮笋，容易熟且口感脆。苔毛笋、龙须笋等有涩味的笋，加些薄荷就可以解除。

笋汁

笋味最鲜，茹斋[①]食笋只宜白煮，俟熟略加酱油，若以他物拌之，香油和之，则陈味夺鲜，笋之真趣[②]尽没。以之拌荤则牛、羊、鸡、鸭等物皆非所宜，独宜于豚，又宜于肥者，肥者能于甘味[③]入笋，则不见甘而但觉其鲜至，煮之汁

---

① 茹斋：吃素食。

② 真趣：真正的意趣、旨趣。

③ 甘味：美味，觉得味道美之意，就是甜的滋味。

无论荤、素皆当。用作料调和，则诸物皆鲜。

【译】笋的味道最鲜，吃素食的人吃笋时只适合白煮，等煮熟后稍略加酱油，如果用其他的食材拌着吃，需要用香油调和，否则陈味会夺去鲜味，食笋的真正意趣全都没了。用笋来拌入荤料选牛、羊、鸡、鸭等肉都应该如此，唯独最适合猪肉，更适合肥肉，肥肉能将美味渗入笋，但不见甘且又能感觉到鲜味，煮笋的汤汁无论荤、素都可以。用作料来调和，所有食材都会鲜。

冬笋

拣不破损者，用本山土装篓，逐层叠实，宜隔开不宜错综[①]，笋笋尖矗[②]，其受伤之笋必烂，致令群笋俱烂，不可不知。冬笋与肉同煮或配素馔，在冬春之间可用，夏则无味，陈者不堪食（冬笋在江西铅山[③]、河口[④]出者多）。

【译】笋要挑选没有破损的，用本山的土装篓，逐层码实，应该相互隔开不要纵横交叉，每个笋都要直立，破损的笋一定会烂，会导致其他的笋全烂，不可不知。冬笋与肉同煮或配素馔，在冬天、春天之间可以用，夏天没有味道，久放的笋不可以吃（冬笋在江西铅山、河口出产得多）。

---

① 错综：纵横交叉。

② 矗：直立。

③ 铅山：县名。在江西东北部、信江上游，邻接福建。盛产竹子。

④ 河口：镇名，在铅山县。以产竹器、木柳制品及连史纸著名。

笋粉

干、鲜笋老头[1]，腌为徽笋（见笋干部）。嫩尖供馔现食。其差老[2]而味鲜者制为笋粉，看天气晴朗，用药刀横切薄片，晒干磨粉，筛细收贮，或汤或烩或拌肉丝，加入少许最鲜。

【译】干笋、鲜笋靠根部质老的一头，适合腌成徽笋（见笋干部）。嫩尖适合做菜现吃。尚不算很老且味鲜的笋适合制成笋粉，天气晴朗时，用药刀将笋横切薄片，晒干后磨粉，细筛后收贮，可以做汤、烩菜、拌肉丝，加入少许笋粉菜的味道最鲜。

笋鲘[3]

春间取嫩笋，去老头，切四分大、一寸长，蒸熟，布包榨干，收贮听用，制法与面筋同。

又，切片滚水焯，候干入葱丝、莳萝、茴香、花椒、红曲、盐拌匀同腌。

【译】春天适合采摘嫩笋，去掉老头，切成四分宽、一寸长的块，上笼蒸熟，用布包榨干水分，收贮备用，做法与面筋相同。

另，将笋切片后用开水焯过，等干后加入葱丝、莳萝、

① 老头：靠根部质老的一头。

② 差老：尚不算很老。

③ 鲘（hòu）：疑为“鲊”之误。

茴香、花椒、红曲、盐拌匀后一同腌渍。

焙笋

嫩笋肉汁煮熟焙干，味厚而鲜。

【译】将嫩笋用肉汁煮熟后烘干，味道醇厚鲜美。

糖笋

笋汁入洋糖，少加生姜汁调和合味，用熟笋没[1]，宜冷啖[2]，不可久留。

【译】将笋汁加入白糖，少加些生姜汁调和适合的口味，用熟笋盖没，适宜凉着吃，不可以久放。

笋豆

鲜笋切丁或细条，拌大黄豆加盐水煮熟晒干，天阴炭火烘，再用嫩笋壳煮汤，略加盐滤净，将豆浸一宿再晒，日晒夜露，多收[3]笋味最美。

【译】将鲜笋切成丁或细条，拌入大黄豆加盐水煮熟后晒干，天阴要用炭火烘一下，再用嫩笋壳煮汤，加少许盐滤净，将大黄豆浸泡一夜再晒，日晒夜露，时间长些笋味更美。

酸笋

大笋滚水泡去苦味，井水再浸二三日取出，切细丝，醋

① 没：淹没，盖没。

② 啖：吃。

③ 多收：指日晒夜露的时间长一些。

煮，可以久留。

【译】将大笋用开水泡去苦味，再用井水浸泡两三天后取出，切成细丝，用醋煮制，可以长时间存放。

清烧笋

切滚刀块，油、酱烧。

【译】（略）

面拖笋

取笋嫩者，以椒末、杏仁末和面，拖笋入油炸，如黄金色，甘脆可爱。

【译】取嫩笋，用花椒末、杏仁末和面成面糊，用笋蘸面糊入油锅中炸制，炸成黄金色，笋的味道甘脆且可口。

炒春笋

配倒笃菜[①]、熟香油炒。

【译】（略）

炒冬笋

切小片，加麻油、酱、酒炒。

又，煮冬笋丝、蛋皮条拌酱油、麻油。

【译】（略）

---

① 倒笃菜：又称“倒纛（dào）菜”。其制法见《吴氏中馈录》：“倒纛菜，用菜一百斤，用盐五十两，腌了入坛，装实，用盐卤调毛灰如干面糊口上，摊过封好，不必草塞。用芥菜，不要落水，晾干。软了，用滚汤一焯，就起笊篱捞在筛子内，晾冷，将焯菜汤晾冷，将筛子内菜用松盐些少撒拌，入瓶后，加晾冷菜卤浇上，包好，安顿冷地上。”另《遵生八笺》《墨娥小录》亦有此记载。从以上记载看，当时的倒笃菜，就是今天的腌芥菜。

炒芽笋

切丝配香蕈丝、茶干丝、麻油、酱油、酒炒。做汤亦可。切块同。

【译】（略）

炒冬笋丁

切丁，配腌白菜梗，熟香油炒。

【译】（略）

烧冬笋

切块，加麻油、酱油、豆粉、酒烧。

【译】（略）

烧三笋

笋干、天目笋或鲜笋入麻油、酒烧。

又，酱烧各种笋加香蕈片、木耳丝。

又，茭白、嫩茄、萝卜、芋子同。

【译】（略）

煨三笋

前三笋煮熟，加酱油、酒、豆粉，菌汁煨一复时。用鸡汤更好。

【译】将笋干、天目笋或鲜笋煮熟，加入酱油、酒、豆粉，用菌汤煨一昼夜。用鸡汤更好。

火腿煨三笋

天目笋尖（加钱数十文与笋同煮，其色碧绿）、冬笋干、嫩鞭笋配火腿片、盐、酒并脂油一大块，入鸡汤煨一昼夜，汤白为佳。

【译】用天目笋尖（加入几十文铜钱与笋同煮，笋的颜色是碧绿的）、冬笋干、嫩鞭笋配入火腿片、盐、酒及一大块脂油，加入鸡汤煨一昼夜，汤呈白色为最好。

脂油煨冬笋

冬笋切滚刀块，用大砂罐下鸡汤对水装满，加盐、酒少许，以脂油一大块如罐口大盖口，仍用木板压油上勿动，炭火煨一复时，脂油化净，笋如血牙色，到口即酥。

【译】将冬笋切成滚刀块，用大砂罐下入兑水的鸡汤将罐装满，加少许盐、酒，用一大块同罐口一样大的脂油盖住罐口，再用木板压在油上不要动，用炭火煨罐一昼夜，等脂油熔化完，笋像血牙色，入口即酥。

冬笋煨豆腐

冬笋切滚刀块，取盐卤豆腐，先入清水煮去腐味[①]，配蘑菇再入鸡汤煨一日。

【译】将冬笋切成滚刀块，取盐卤豆腐，先将豆腐放入清水中煮去豆腥味，将冬笋、豆腐配蘑菇再放入鸡汤中煨制一天。

---

① 腐味：豆腥味。

冬笋煨火腿[①]

冬笋煨鲜菌[②]

冬笋煨鲤鱼块[③]

烧冬笋

配炒鸡片。

【译】（略）

冬笋片炒鹿筋[④]

以上春笋同。

【译】（略）

烧笋段

取嫩笋切段，灌斠肉烧。

【译】（略）

瓤毛笋

毛笋切段，填五花鲜肉、火腿丁，久煨始得味。

【译】（略）

瓤羊尾笋

切段泡淡，灌脊髓、火腿丝、笋丝、鸡汤煨。

【译】（略）

① 原抄本此处只有标题。

② 原抄本此处只有标题。

③ 原抄本此处只有标题。

④ 原抄本此处只有标题。

瓤天目笋

取肥大天目笋，通节灌火腿、鸡肉、虾脯等物，煮熟切段。铜锅煮颜色碧绿，或放钱数十文同煮亦可。

又，天目笋灌燕窝，配火腿脊筋。

【译】取肥大的天目笋，打通笋内节灌入火腿、鸡肉、虾脯等食材，煮熟后切段。用铜锅来煮笋，笋的颜色是碧绿的，也可以放几十文铜钱一同煮制。

另，将天目笋灌入燕窝，再配火腿脊筋煮制。

瓤芽笋

芽笋照节切段，灌鲜肉、火腿绒。又将蒲包干（先用清水煮去腐味），面上切一薄片作盖，挖空，劗生鸡绒对作料拌，仍装盖签上，蛋清粘缝。共入烧肉汁焖。

【译】将芽笋按竹节切成段，灌入鲜肉、火腿茸。再将蒲包干（先用清水煮去豆腥味）面上切下一薄片作盖，将蒲包干挖空，放入拌好作料的生鸡茸，再盖上盖并签住，用鸡蛋清粘缝。将灌肉的芽笋和蒲包干一同放入烧肉汁中焖制。

拌燕笋

燕笋炸熟，加麻油、酱、姜米拌。

【译】（略）

炝芽笋

连壳用潮泥裹，入锅堂烧熟，去壳扑碎，加麻油、酱油、姜米、酒炝。

【译】将芽笋连壳用湿泥包裹，放入锅堂中烧熟，敲碎并去壳，加入麻油、酱油、姜米、酒炝。

乌金笋

小春笋做[1]，去皮、根，拌洋糖蒸。

【译】（略）

烩时笋

应时鲜笋切片或丝，先煮出鲜汤，就汤配群菜烩。

【译】（略）

冬笋汤

配腌菜末、虾米或芥菜、金钩做汤。

【译】（略）

三丝汤

鲜笋丝、茭白丝、腐干丝，鸡汤烩。

【译】（略）

燕笋汤

燕笋切段，配豆腐煮，加麻油、酱做汤。

【译】（略）

芽笋汤

芽笋切块，配腐皮、麻油、酱、酒、姜汁做汤。

【译】（略）

① 做：用小春笋来做。

酱笋干

冬笋干加甜酱，入麻油浸。

【译】（略）

白酒娘醉鲜笋[1]

酱毛笋片

干毛笋滚水泡透，入甜酱十二日。切小条，撒莳萝。

【译】将干毛笋用开水泡透，加入甜酱腌十二天。将毛笋取出切成小条，撒上莳萝即可。

酱各笋

燕笋、芽笋煮熟，盐腌，入甜酱。

【译】（略）

五香冬笋

燕笋、芽笋俱可，用五香盐水煮。

【译】（略）

蜜饯冬笋

燕笋、芽笋俱可，入蜜饯。

【译】（略）

糟一切笋

略煮熟，入陈糟坛。

【译】（略）

---

① 原抄本此处只有标题。

糟冬笋

鲜冬笋去外皮，勿见水，用布擦去毛、土，竹箸搠通笋节，内嫩如糟鹅蛋式，笋之大头向上，装瓶封口，夏日用。

又，冬笋煮熟入白酒娘，数日可用。临时[1]，以温水洗净切片。但不能久藏。

又，生冬笋略腌，晾干入陈糟坛，泥封，可至次年三四月用。

【译】将鲜冬笋去掉外皮，不要沾水，用布擦去毛、土，用竹筷子搠通笋节，笋内嫩得像糟鹅蛋一样，笋的大头向上，装入瓶中并封口，夏天时取来用。

另，将冬笋煮熟后加入白酒酵，几天后就可取用。临用的时候，用温水将冬笋洗净后切片。这样做的冬笋不能久藏。

另，将生冬笋略腌，晾干后装入陈糟坛，用泥封闭坛口，可以放到第二年三四月时取用。

糟龙须笋

煮龙须笋，汤内放薄荷少许则不莶。半熟取出，烘五分干装瓶。一层陈糟，一层笋，封固月余开用，其笋节内俱有油味。每糟十斤，拌盐二斤。

【译】煮龙须笋时在汤内放少许薄荷就不会有涩味。将龙须笋煮半熟后取出，烘烤至五成干后装瓶，一层陈糟，一

① 临时：应为“临用时”。

层笋，封闭严实一个多月后开用，这时的笋节内会有油味。每十斤糟需拌入两斤盐。

笋衣粉盒

笋衣切丝，配鸡皮丝、酱油、酒、蒜花、脂油烧馅包粉盒蒸。鲜笋衣配烧各种菜。又，晒干亦可。

【译】将笋衣切成丝，配入鸡皮丝、酱油、酒、蒜花、脂油烧成馅料包入粉盒中进行蒸制。鲜笋衣可以配各种菜进行烧制。另，用晒干的笋衣也可以。

笋粥

切小方块，和白米煮粥。

【译】（略）

炝笋

姜米、酱油、麻油。

【译】（略）

冬笋栗肉[①]

冬笋切菱角块，烧栗肉。

【译】（略）

① 原抄本此处无标题，为注译者添加。

◎ 笋干 ◎

制笋干

每鲜笋一百斤，用盐五斤、水一小桶，焯出汁晾干，复入笋汁煮熟，石压或用手揉，晒宜缓，午时后日烈不宜晒，朝阳夕照[1]分两日晒之（如在锅内煮则熟，晒则枯，一日晒干则硬，火焙亦不软，故须缓晒。煮笋干汁最鲜）。

【译】每一百斤鲜笋用五斤盐、一小桶水，将鲜笋焯出汁后晾干，再加入笋汁煮熟，用石头压或用手揉，要慢慢地晒制，午时以后的阳光强烈不适合晒制，清晨和傍晚的阳光适合，要分两天进行晒制（如果鲜笋在锅内一煮就熟了，晒制时就会枯干，用一天的时间晒干笋会变硬，用火烤也不会软，因此需要慢慢晒制。煮笋干的汤汁味道很鲜）。

生笋干

鲜笋去老头，大者劈四开，切二寸段，盐揉晒干，每十五斤晒成二斤，用以煨肉。

又，大毛笋煮熟，晒烘至半干，重石压一宿，仍晒烘十分干，装瓶或加盐少许。

【译】将鲜笋去掉老头，大个儿的劈成四开，切成两寸段，用盐揉后晒干，每十五斤鲜笋晒成两斤，笋干可以用来煨肉。

---

① 朝阳夕照：清晨和傍晚的阳光。

另，将大毛笋煮熟，晒制或烘烤至半干，用重石压一夜，取出再晒制或烘烤至非常干，装入瓶中并加少许盐。

笋尖

出绍地[1]，平水镬、铅山尖、乌安村、达谷[2]，此数处最高，亦以色红味淡、大小均匀为佳。龙须笋尖有饺味，雷笋行远同笋尖拌装不发霉。

【译】出了绍地，平水镬、铅山尖、乌安村、达谷这几处的笋尖最好，也以色红味淡、大小均匀为最好。龙须笋尖有涩味，雷笋长途运输时同笋尖拌装在一起不会发霉。

徽笋

凡笋老头不可。去叶晒，用盐腌，每斤用盐三两，笋即徽[3]酥，取出洗净蒸熟，拌麻油、醋，老人最宜。

【译】一般笋的老头是不能用的。去叶后晒制，用盐腌一下，每斤笋用三两盐，笋便会微酥，将笋取出洗净后蒸熟，拌入麻油、醋即可，最适合老人吃。

笋干回潮不宜晒[4]

雷笋、笋尖、天目笋回潮均不宜日晒，晒则味盐而肉

---

① 绍地：指浙江绍兴。

② 平水镬、铅山尖、乌安村、达谷：平水，绍兴东南的一个集市，傍平水溪。镬，煮笋的锅。铅山，江西东北部的一个县，所产笋尖称为铅山尖。乌安村、达谷均为地名。

③ 徽：疑应为“微”。

④ 原抄本此处无标题，为注译者添加。

枯，须用火烘。

【译】雷笋、笋尖、天目笋返潮后都不要用阳光晒，晒后笋的味道会咸且笋肉会柴，要用火来烘烤。

淡笋脯

渫熟[1]晒干，不加盐味，米泔浸软可作衬菜。

又，笋脯，将笋煮熟，入好砂糖或洋糖煮黑色，切二寸半长，晒干收贮。须隔汤煮，着锅恐其易焦。

【译】将笋略煮熟后晒干，煮时不要加盐，用淘米水泡软可以作衬菜用。

另，制作笋脯的方法：将笋煮熟，加入上好的砂糖或白糖煮至黑色，切两寸半长，晒干后收贮。要隔水煮制，如果沾着锅笋恐怕容易煳。

咸笋

用盐即名“咸笋”，盐多则色白，盐少则色红，短润红淡者佳。雷笋同。

【译】用盐加工后的笋称为“咸笋”，盐用得多笋的颜色白，盐用得少笋的颜色红，短、润、红、淡的笋最好。雷笋也是这样。

冬笋干

冬笋尖淡煮，烘干。

【译】（略）

---

① 渫熟：这里应该是煮熟的意思。

乌金笋干

乌金笋煮热，或晒或烘半干，叠紧压一宿收，次日仍晒，须十分干，用稻草包入瓶内，其盐不拘多少。

【译】将乌金笋煮热，可以晒可以烘烤至半干，叠紧压一夜后收起，第二天再晒，一定要晒得非常干，用稻草包好装入瓶内，加入盐的数量不限。

糟笋干

不拘咸淡笋干，泡、煮过皆可入白酒娘。

【译】（略）

青笋夹桃仁

青笋泡淡，切段，中划一缝，夹入去皮胡桃仁，作衬菜。

【译】将青笋泡淡后切成段，中间划开一口，夹入去皮的胡桃仁，可以作衬菜。

拌笋干

笋干水泡，撕丝，加虾米、醋拌。

【译】（略）

素烧鱼

闽笋泡软，对切开如鱼形，嵌腐干片、面筋丝、笋丁，红酱烧，名“素烧鱼”。

【译】将闽笋泡软，对切开像鱼的形状，嵌入豆腐干片、面筋丝、笋丁，用红酱烧制，称为“素烧鱼”。

素鳝鱼羹

天目笋泡软，手撕，加线粉作羹。又，青笋干切长段，撕碎泡软，加线粉、笋片、香蕈、木耳作羹，名“素鳝鱼”。

【译】将天目笋泡软，用手撕成丝，加线粉做成羹。另，将青笋干切成长段，泡软后撕碎，加线粉、笋片、香蕈、木耳做成羹，称为“素鳝鱼”。

竹菇[①]

竹根所出，生熟可用，软菌更胜。

【译】（略）

蒲笋

（即蒲芦芽）

采嫩芽切段，汤渫，布裹压干，加料如前作，鲜。又，芦芽烧肉。

【译】采蒲芦的嫩芽切成段，开水焯过，用布裹好并压干，加调料像前面的方法一样，味道很鲜。另，用芦芽来烧肉。

笋脯

笋脯出处最多，以家园[②]所烘为第一。取鲜笋加盐煮熟，上篮烘之。须昼夜还着火，稍不旺则馊矣。用清酱者色

① 竹菇：竹菇是生在竹根上的菌，又名竹肉、竹蓐。

② 家园：似为烘笋的地方。

微黑，春笋皆可为之。又，摇标笋新抽旁枝细芽，入盐汤略焯，烘干，味更鲜。

【译】出产笋脯的地方最多，家园所烘烤的笋排第一位。取鲜笋加盐煮熟，上篮烘烤。需要一昼夜都烧着火，火稍有不旺笋就馊了。笋用清酱颜色会微黑，春笋都可这样做。另，净摇标笋新抽的旁枝细芽，下入盐水中略焯一下，再烘干，味道更鲜。

天目笋

多在苏州发卖，其篓中盖面者最佳，下二寸便搀入老根硬节矣，须出重价专买其盖面者数十条，如集狐成腋[①]之义。

【译】天目笋大多在苏州售卖，卖笋人的竹篓中盖在表面的笋是最好的，往下两寸便是掺入老根、硬节的笋，需要出高价专买盖在表面的几十条笋，就是集狐成腋的意思，数量不多。

玉兰片

以冬笋烘片，微加蜜焉（苏州孙春阳家以盐者为佳）。

【译】将冬笋切片后烘干，稍加些蜜（以苏州的孙春阳家加盐的笋为好）。

问政笋[②]

俗称“绣鞋底”，无甚佳味，只可煨肉。

① 集狐成腋：狐狸腋下的皮虽很小，但聚集起来就能制一件皮袍。比喻积少成多。

② 问政笋：安徽歙县问政山所出产的竹笋。

【译】（略）

素火腿

处州[1]笋脯号“素火腿”，即处片[2]也，久之太硬，不如买毛笋，自烘之为妙。

【译】浙江丽水的笋脯号称“素火腿”，就是处片，时间长了会太硬，不如买来毛笋自己烘干的好。

羊尾笋[3]

笋脯有名羊尾者，质粗，然其嫩尖可用，惟衣太多，用时割之。

【译】笋脯有名的是羊尾，虽质地粗，但笋的嫩尖可以用，就是外皮太多，用时要割掉。

宣城笋脯

宣城笋尖色黑而肥，与天目笋大同小异，极佳。

【译】（略）

人参笋

取小春笋制如人参形，微加蜜水，为扬州人所重之，故价颇贵，藏时拌以炒米。

---

① 处州：浙江丽水的古称，始名于隋开皇九年（公元589年），迄今已有1400多年的历史。明朝洪武年间，设置处州府。

② 处片：旧称。处州出产的笋片、笋干。

③ 羊尾笋：羊尾笋干，为浙江奉化的传统著名特产，与水蜜桃和芋艿头齐名，为三大土特产名产之一。由当地盛产的雷笋和龙须竹笋经加工而成，因其色泽纯白，长15~20厘米，外形很像羊尾，而被称为羊尾笋干，其肉色清白透黄而且鲜美可口，营养丰富的同时，还有消暑开胃之功效。

【译】取小春笋做成人参的形状，处理时略加蜂蜜水，扬州人把这种笋看得很珍贵，因此售价很贵，收贮时拌入炒米。

笋油

笋十斤，蒸一日一夜，穿通其节，铺板上，如作豆腐式，上加一板压而榨之，使汁水流出，加炒盐一两，便是笋油，其笋晒干仍可作脯。

【译】将十斤鲜笋蒸一天一夜，穿通笋节，铺在板上，像做豆腐一样，在笋的上面加一板压榨出汁水来，这就是笋油，压时要加一两炒盐，笋晒干后仍可以做成笋脯。

煮笋老汁

诸山出笋干，有长煮笋干之汁，以之配烧各菜，鲜味绝伦。

【译】各个山都出产笋干，常有煮笋干的汤汁，用来烧各种菜，鲜味无与伦比。

白萝卜

江南四时皆有，各处所出皆有不同，唯冬月者可用，生食作嗳[1]，熟则有益。

江宁[2]板桥萝卜皮色红，凡用白萝卜处，板桥萝卜一样好用。其有专用板桥萝卜者，似可不混，兹特另分一部。姑熟[3]东郊地方慕园出一种小萝卜，小如钮扣，内极大者如桂圆，冬月有土人[4]制为五香萝卜。

萝卜味薄，凡烹庖先入荤汁煮过用，若欲糟酱，则糟内预加鲜味为佳。

【译】江南四季都有萝卜，各地所出产的萝卜各有不同，只有冬季的可用，生吃会打嗝，熟吃有益于身体。

江宁的板桥萝卜红皮，一般用白萝卜的时候，换板桥萝卜一样好用。也有专门用板桥萝卜的，似乎不能混淆，现在专门另分一部。姑熟东郊的慕园出产一种小萝卜，小的像纽扣，最大的像桂圆，冬季时当地人用来做五香萝卜。

萝卜味薄，厨师烹饪时一般都先用荤汁将萝卜煮过再用，如果想糟酱制，糟内要预先加入鲜味才好。

① 嗳（ǎi）：嗳气，俗称打嗝。

② 江宁：旧时县名，今江苏南京辖区。

③ 姑熟：今安徽当涂。

④ 土人：当地人。

荸荠萝卜

削如荸荠式，作衬菜。

【译】（略）

橄榄萝卜

去皮削橄榄式，挖空，滚水略焯，填鸡丝，配鸭舌、蘑菇、火腿丁，另用萝卜镶盖烧。

【译】将萝卜去皮后削成橄榄的形状，挖空，用开水略焯，填入鸡丝，配入鸭舌、蘑菇、火腿丁，另用萝卜镶好盖，进行烧制。

瓢萝卜

挖空，入松仁、火腿丁烧。

【译】（略）

炒萝卜丝

切丝，配鸡丝、蒜丝、脂油、酱油、酒炒。

又，萝卜略腌，切丝，加蛋皮丝，烧肉卤拌。

【译】将萝卜切丝，配入鸡丝、蒜丝、脂油、酱油、酒进行炒制。

另，将萝卜略腌后切成丝，加入鸡蛋皮丝，用烧肉卤拌着吃。

萝卜煨肉

去皮略磕碎，配猪肉煨。

【译】（略）

煨假元宵

萝卜削圆如圆眼大，挖空，灌生肉丁或鸡脯子，镶盖，入鸡汤煨。

【译】将萝卜削成龙眼大的球，挖空，灌入生肉丁或鸡脯丁，再用萝卜镶盖好，用鸡汤进行煨制。

徽州萝卜丝

冬月切丝，晒干收贮，或配肉煮，或配豆腐煮俱可。

【译】冬天时将萝卜切成丝，晒干后收贮，可以同肉煮制，也可以同豆腐煮。

萝卜汤

切丝，配豆腐、麻油、酱油、酒做汤。

【译】（略）

拌萝卜丝

切扁条，一头切丝，淡盐腌半日榨干，配走油腐皮、木耳、炒芝麻、花椒、莳萝末，小磨麻油、酱油、醋拌。

【译】将萝卜切成扁条，一头切成丝，用淡盐腌半天后榨干水分，配入走油腐皮、木耳、炒芝麻、花椒、莳萝末，用小磨麻油、酱油、醋拌着吃。

拌三友萝卜

白萝卜、生笋、茭白俱切片，盐略腌，加麻油、花椒末、醋拌。

【译】将白萝卜、生笋、茭白都切成片，用盐略腌，加入麻油、花椒末、醋拌着吃。

拌萝卜皮

辣味在皮。取白大萝卜皮装袋，入甜酱内七日取起，切丝，加莳萝末、姜丝、小磨麻油拌。

【译】萝卜的辣味在于萝卜皮。取大白萝卜皮装入袋中，放入甜酱内七天后取出，将萝卜皮切成丝，加入莳萝末、姜丝、小磨麻油拌着吃。

拌萝卜鲊

取细小者，切片略腌，加大小茴香末、姜、桔皮丝、芥末、醋拌。

又，滚水略渫，沥干，入葱、花椒、姜、桔皮丝、莳萝、红曲研，同盐腌一时即可用。

又，配笋、茭白糟鲊。

【译】取细小的萝卜，切片后略腌，加入大茴香末、小茴香末、姜、橘皮丝、芥末、醋拌着吃。

另，将萝卜片用开水略焯，沥干水分，加入葱、花椒、姜、橘皮丝、莳萝、研过的红曲，同盐腌一个时辰后就可取用。

另，将萝卜配入笋、茭白可糟制成腌菜。

糟醋萝卜

如旋梨式，皮不旋断，中心同皮俱风干，用炒盐、干花椒、莳萝揉透，加糖、醋。

又，切片晾干，入炒盐、花椒、莳萝揉透，加糖、醋装瓶。

【译】将萝卜像削梨一样，萝卜皮不能削断，萝卜心同皮都风干，用炒盐、干花椒、莳萝揉透，再加糖、醋。

另，将萝卜切片后晾干，加入炒盐、花椒、莳萝揉透，再加入糖、醋装瓶。

糖醋萝卜卷

拣顶大者切薄片晾干，将姜丝、莳萝卷入，如指大，外用芫荽扎住，加红糖、酱油、醋少许装瓶。

【译】挑选最大个儿的萝卜切成薄片后晾干，取萝卜片卷入姜丝、莳萝，像手指一样大，外面用香菜捆住，加入红糖、酱油、少许醋装瓶。

酱萝卜卷

大萝卜切斜片，撒盐腌，晒干，加莳萝、茴香、松仁、杏仁俱卷入片内，用芹菜扎，入甜酱。

【译】将大萝卜切成斜片，撒盐腌制，晒干，加入莳萝、茴香、松仁、杏仁都卷入萝卜片内，用芹菜捆住，加入甜酱腌渍。

酱萝卜包

大萝卜去皮，切一盖，挖空，填建莲、杏仁、胡桃仁、松仁、瓜子仁、酱豆豉，将盖仍镶上，入甜酱，十日可用（不去皮更脆）。

【译】将大萝卜去皮，切出一个盖子，再挖空，填入建莲、杏仁、胡桃仁、松仁、瓜子仁、酱豆豉，将盖子再镶上，入甜酱，十日后就可取用（萝卜不去皮会更脆）。

酱萝卜

萝卜取肥大者，酱一二日即用，甜脆可爱。有侯尼[①]能制为鲞，剪片如蝴蝶，长至丈许连翩不断，亦奇也。承恩寺有卖者，用醋为之，亦以陈为妙。

【译】要选那个粗大的萝卜，做酱萝卜一两天就可以吃，味道甜脆可口。有一个姓侯的尼姑能将萝卜做成干菜，剪出来的萝卜片如蝴蝶状，有一丈多长，片片相连而不断，也是一个奇观。承恩寺有卖萝卜的，用醋腌过，以时间长的为好。

酱小萝卜

小白者，整用线穿，风干装袋，入甜酱十日取起，拌匀花椒、莳萝。

【译】取小白萝卜整个用线穿好，风干后装袋，入甜酱十天后取起，加入花椒、莳萝拌匀即可。

酱油萝卜

整萝卜洗净，划破皮面，酱油和水各半，入锅浸没萝卜，慢火煮半日，候温取出，加麻油用。

【译】将整个的萝卜洗净，用刀划破萝卜皮面，将各一

---

① 侯尼：姓侯的尼姑。

半酱油和水，倒入锅中浸没萝卜，用小火煮半天，等凉后取出，加入麻油食用。

醉萝卜

取冬萝卜细茎者，切作四条，线穿晾七分干，每斤用盐二两腌透，再晒至九分干，装瓶捺实，浇烧酒，勿封口，数日即略有气味，俟转杏黄色，用稀布包香糟塞瓶口，甜美异常。

【译】取冬天细茎的萝卜，切成四条，用线穿好晾七成干，每斤萝卜用二两盐腌透，再晒至九成干，装入瓶中并按瓷实，浇入烧酒，不要封瓶口，几天后就会稍有气味，等萝卜变为杏黄色时，用稀布包好香糟塞住瓶口，萝卜的味道非常甜美。

糟萝卜

大者切条，细者用整个，每斤用盐二两略揉，晾干，同糟拌匀入瓮。

又，每萝卜一斤用盐三两，勿见水，措净[1]晒干，先将糟与盐拌好，再加萝卜拌匀，入瓮收贮。

又，石白矾煎汤，冷定，浸一复时，用滚酒泡糟，入盐。

又，入铜钱，逐层摆萝卜上，腌十日取出钱，另换糟，加盐、酒，拌萝卜入坛，箬扎泥封。糟茭白、笋、菜、茄同。

---

① 措净：搓净。用手相摩，搓去泥土。

【译】将大个儿的萝卜切成条，细的萝卜使用整个的，每斤萝卜用二两盐略揉，晾干，同糟拌匀后装入瓮中糟制。

另，每一斤萝卜用三两盐，不要沾水，用手搓去泥土后晒干，先将糟与盐拌好，再加入萝卜拌匀，装入瓮中收贮。

另，用石白矾煮水，晾凉，将萝卜浸泡一昼夜，用煮开的酒泡糟后糟制萝卜，加入些盐。

还有，将铜钱逐层摆在萝卜上，糟腌十天后取出铜钱，再另换糟，加盐、酒，将萝卜拌好装入坛中，用箬叶扎住瓶口用泥封闭。糟制茭白、笋、菜、茄与此方法相同。

卤萝卜

切方块，虾油浸。

【译】（略）

熏萝卜

每个切四大条，盐略腌，晾干，柏枝熏。

【译】（略）

浇萝卜

切长方小块，置瓷器中，掺生姜米、花椒粒，另用水及黄酒少许、盐、醋调和，入锅一滚即趁热浇上，浸没萝卜，急盖好贮用。

又，切骰子块，盐腌一宿晾干，将姜、桔皮丝、椒、茴末、滚醋浇拌，晒干，瓷瓶收贮。每萝卜十斤，用盐半斤。

【译】将萝卜切成长方小块，放在瓷器中，掺入生姜米、花椒粒，再用水及少许黄酒、盐、醋调和，下入锅中煮一开立即趁热浇在萝卜上，将萝卜浸没，快速盖好盖收贮。

另，将萝卜切成色子块，用盐腌一夜后晾干，加入姜、橘皮丝、花椒、茴香末，浇入煮开的醋并拌匀，晒干后用瓷瓶收贮。每十斤萝卜用半斤盐。

腌萝卜丝

切丝晾干，用炒盐、黄酒、莳萝、大茴末、酱油拌揉，入芫荽段，装瓶。

【译】将萝卜切丝后晾干，用炒盐、黄酒、莳萝、大茴香末、酱油揉并拌匀，加入香菜段，装入瓶中收贮。

腌萝卜条

制同萝卜丝，不加芫荽，用封菜心拌揉入坛。

【译】制作的方法与腌萝卜丝法相同，不加香菜，用封菜心揉并拌匀后装入坛中收贮。

腌姑熟小萝卜

冬月，取小萝卜切去菜[1]（蒂上留三四分，不齐蒂切去），摊晒七分干，五香盐腌入坛（小萝卜产姑熟慕园地方，只亩许，以外皆大者）。

【译】冬天的时候，取小萝卜切去萝卜缨子（蒂上留三四分，不要齐蒂全切去），摊晒至七成干，用五香盐腌并

---

① 菜：萝卜叶子，俗称萝卜缨子。

装入坛中（小萝卜产自姑熟慕园这个地方，只有一亩左右，别的地方都是大个儿的萝卜）。

腌佛手萝卜

切作佛手式，制同生萝卜丝。

【译】（略）

腌萝卜脯

整萝卜对开，盐腌透晒干，加红糖蒸、晒三次，色黑而香美。

又，萝卜切薄片，线穿风干，不时揉之，肉厚而趣，拌糖、醋、椒末、盐。

【译】将整个的萝卜切两半，用盐腌透后晒干，加入红糖蒸、晒三次，萝卜脯颜色黑且味道香美。

另，将萝卜切薄片，用线穿起后风干，经常揉一揉，萝卜肉厚而有趣，拌入糖、醋、花椒末、盐即可。

腌风萝卜

白萝卜切四块，红萝卜切小片，线穿风半月，干透，加炒盐、醋、椒揉，瓶装。

【译】将白萝卜切成四块，红萝卜切成小片，用线穿起风干半个月，萝卜干透后加入炒盐、醋、花椒揉一揉，装入瓶中收贮。

腌人参萝卜

长细者整用，去皮，盐略腌晒干，加红糖拌蒸。

【译】将长且细的萝卜整个用，去掉皮，用盐略腌后晒干，加入红糖拌匀后蒸制。

腌蓑衣萝卜

取苏州萝卜，切螺蛳缠纹，其丝连环不断，盐略腌晾干，糖腌装瓶。

【译】取苏州萝卜切成螺蛳一样缠绕的纹路，要使丝连环不断，用盐略腌后晾干，装入瓶中并用糖来腌渍。

腌笔管萝卜

取细长坚实者，微腌出卤，再浇热盐卤二次，漉出，风七分干，浇净再晒，盐腌蒸晒三次，作时入坛。

【译】取细长且硬实的萝卜，稍微腌出汁水，再用烧的热盐卤汁水浇两遍，将萝卜捞出，风干至七成干，将萝卜洗干净再进行晒制，盐腌、蒸、晒共三次，再装入坛中收贮。

淮安[①]萝卜干

不论红、白萝卜片蒸热，拌香料入坛，半年后可用。

又，萝卜切丝略腌，晾干，滚水泡去辣味，蒸熟，陈久用。

【译】无论红、白萝卜，切片后蒸热，拌入香料后装入坛，半年后可用。

另，将萝卜切丝后略腌，晾干，用开水泡去辣味，蒸熟，多存一段时间后再用。

---

① 淮安：旧时县名，在江苏。

萝卜汤

萝卜切二分厚片，用热锅烤黄，入水加虾米滚透（虾皮亦可。如虾皮末装袋入锅），酱油作汤。

又，烤后入水，只加胡椒末、酱油、醋。

【译】将萝卜切成两分厚的片，用热锅烤黄，下入水并加虾米煮透（用虾皮也可以。如果用虾皮末，要装袋后下锅），加酱油做成汤。

另，将萝卜片烤后加水，只加胡椒末、酱油、醋做成汤。

萝卜菜①

切碎盐揉，少加醋，配火腿装盘。

【译】将萝卜缨子切碎后用盐揉一揉，加入少许醋，配入火腿后装盘。

萝卜菜干

萝卜菜晾干，洗净略腌，取出晒透，打肘②装坛，霉后用。

【译】将萝卜缨子晾干，洗净后用盐略腌，取出晒至干透，扎成肘状装入坛中，发酵后取用。

风萝卜条

干后水洗再晾，拌糖、醋，加风菜心、红萝卜条、椒末。

又，风干萝卜丝，徽人有治成货之者③。

---

① 萝卜菜：萝卜缨子。

② 打肘：扎成肘子形状的小捆。

③ 徽人有治成货之者：徽州人有做好了的成品来售卖的。

【译】将萝卜风干后用水洗净再晾，拌入糖、醋，加入风菜心、红萝卜条、花椒末即可。

另，风干萝卜丝，徽州人有做好了的成品来售卖的。

萝卜汤圆

萝卜刨丝，滚熟去臭气，微干，加葱、酱拌之，放粉圆中作馅，再用麻油炸之，汤滚亦可。

【译】将萝卜擦成丝，煮熟去掉臭气，晾微干，加葱、酱拌匀，放粉丸中作为馅料，再用麻油炸制，做汤煮也可以。

腌萝卜干

七八月时候拔嫩水萝卜，拣五个指头大的，不要太大的，亦不要太老。去梗叶，整个洗净，晒五六分干收起，称重，每斤配盐一两，匀拌揉软出水，装坛盖密。次早取起，向有日处半晒半风，去水汽，日过俟冷，再极力揉至水出，揉软色赤，又装入坛盖。早仍取出，风晒去水汽，收来再极力揉至潮湿软红，用小口坛分装，务令叠实，稻草打直塞口极紧，勿令透风漏雨，将罐复放阴地，不可晒日，一月后香脆可用。食时用一罐，用完再开别罐，庶乎[①]不坏。

若再作小菜用，先将萝卜切小指大条，约二分厚、一寸二三分长，晒至五六分干，以下作法与整萝卜同。

【译】在七八月时候拔起嫩水萝卜，挑选五个手指头大

① 庶乎：几乎，差不多，将近。

的，不要太大的，也不要太老的。去掉水萝卜的梗叶，整个洗净，晒至五六成干后收起，称萝卜重量，每一斤萝卜配一两盐，将盐拌匀并揉软且出水，装入坛中盖严。第二天早晨取出萝卜，放在朝向有阳光的地方半晒半风干，去去水汽，阳光过后且萝卜凉了，再用力揉萝卜至出水，将萝卜揉软变红色，再装入坛中盖严。第二天早晨再取出，半晒半风干，去水汽，收起来再用力揉至萝卜潮湿、软、红色，用小口的坛子分装，一定要按瓷实，用稻草打直塞严坛口，不要透风漏雨，将坛子放在阴凉的地方，不要让阳光晒到，一个月后萝卜香脆可口可以取用。吃的时候打开一罐，用完后再打开别的罐，几乎不坏。

如果想做成小菜，就先将萝卜切成小手指大的条，约两分厚、一寸两三分长，晒至五六成干，往下的做法与整个萝卜做法相同。

萝卜糕

每白饭米八升加糯米二升，淘净泡，隔宿舂粉筛细，配萝卜三四斤。刮去粗皮，擦成丝，用熟脂油一斤，切丝或切丁，下锅略炒，次下萝卜丝同炒，再加胡椒末、葱花、盐各少许同炒，萝卜半熟捞起，俟冷拌入米粉，和水调匀（以手挑起坠有整块，不至太稀），入笼蒸之（先用布衬笼底），筷子插入不粘，即熟矣。

又，脂油、萝卜、椒料俱不下锅，即拌入米粉同蒸，亦可。

【译】每八升白饭米加入两升糯米，淘净后浸泡，隔一夜舂成米粉并细筛，需要配入三四斤萝卜。将萝卜刮去粗皮并擦成丝，将一斤切丝或切丁的熟脂油，下锅略炒，再下萝卜丝同炒，再加少许胡椒末、葱花、盐同炒，等萝卜半熟后捞起，等凉拌入米粉，加水调匀（以手挑起能坠有整块，不要太稀），上笼蒸制（先用布衬笼底），如果用筷子插入不黏，就蒸熟了。

另，将脂油、萝卜、花椒等料先不下锅，要拌入米粉后一同蒸制。这样也可以。

板桥萝卜

烧板桥萝卜

切块潻过，加麻油、酱油、酒烧。

又，切条潻过，配风菜、麻油、酱油、酒、花椒、醋烹。

【译】将板桥萝卜切成块用水汆过，加入麻油、酱油、酒进行烧制。

另，将板桥萝卜切成条用水汆过，配入风菜、麻油、酱油、酒、花椒、醋进行烹制。

瓤板桥萝卜

大板桥萝卜去皮，鲜汁潻，挖空装羊肉丝，酱油、酒烧。

【译】将大板桥萝卜去掉皮，用鲜汁汆过，挖空萝卜装入羊肉丝，用酱油、酒进行烧制。

煨板桥萝卜

江宁小红萝卜去皮，先入开水煮过，配青菜头、笋汤、盐、酒煨。

【译】将江宁小红萝卜去皮，先放入开水中煮过，配入青菜头、笋汤、盐、酒进行煨制。

拌板桥萝卜

剽取[1]红皮，配白蜇皮潻，虾油、蒜花或虾米、盐、酱油、麻油、醋拌。

---

① 剽取：本义是剽窃。这里是指去掉萝卜的红皮。

【译】去掉萝卜的红皮，配入汆过的白蜇皮，用虾油、蒜花或虾米、盐、酱油、麻油、醋拌着吃。

酱板桥萝卜

顶大红萝卜切四桠[①]或切圆片，或整个入甜酱，数日可用。

【译】将特大的红萝卜切成四半（呈丫杈形状）或切成圆片，或用整个的萝卜加入甜酱，几天后就可取用。

① 桠（yā）：丫杈。

胡萝卜

一名红萝卜，细长色红，扬州者色红黄。

【译】胡萝卜，也叫红萝卜，细长且颜色红，扬州的胡萝卜是红黄色。

胡萝卜炖羊肉

切缠刀块[①]，配羊肉块煨。

【译】将胡萝卜切成滚刀块，配入羊肉块进行煨制。

红枣萝卜

切段，削尖两头，淡盐腌一宿取出，滚水略焯，烘软，一头签孔灌莳萝、椒末，烘干。

【译】将胡萝卜切成段，削尖两头，用少许盐腌一宿取出，用开水将胡萝卜略焯，再烘烤至软。将胡萝卜段一头挖孔并灌入莳萝、花椒末，烘干即可。

拌胡萝卜

切丁头块，盐菜卤浸数日取出，晒至极红，次年春配小段青蒜，加炒盐拌匀装瓶，夏日用。

又，红萝卜略腌切丝，少加青菜心，红绿可爱。

【译】将胡萝卜切成丁头块，用盐菜卤浸泡几天后取出，晒至极红，第二年春天配小段青蒜，再加炒盐拌匀后装入瓶中，夏天时取用。

① 缠刀块：滚刀块。

另，将红萝卜略腌后切成丝，加少许青菜心拌着吃，颜色红绿且可口。

烧胡萝卜

切块，加麻油、酱油、酒烧。

【译】（略）

拌胡萝卜

切丝，加麻油、酱油、醋拌。

【译】（略）

胡萝卜鲊

切片，滚汤略焯，晾干，少加葱花、大小茴香、姜丝、桔丝、花椒末、红曲米，同盐拌匀，腌一复时。

【译】将胡萝卜切成片，用开水略焯，晾干，加少许葱花、大茴香、小茴香、姜丝、橘丝、花椒末、红曲米，同盐拌匀，将红萝卜腌一昼夜。

白胡萝卜鲊

生萝卜、生茭白切片煮熟，笋切片，同前法作鲊。

【译】（略）

淮安胡萝卜干

切二分小方块，拌麻油、醋，少加蒜泥。

【译】（略）

芥菜胡萝卜

取红细胡萝卜切片，芥菜切碎，入醋略腌片时，食之甚脆。

又，加盐少许、大小茴香、姜、桔皮丝同腌，醋拌。

【译】取红而细的胡萝卜切成片，将芥菜切碎，放入醋略腌片刻，吃起来非常脆。

另，将胡萝卜加少许盐、大茴香、小茴香、姜、橘皮丝一同腌制，再加醋拌着吃。

糖醋胡萝卜

切圆片，盐水焯熟烘干，用时加糖、醋、酒。

【译】将胡萝卜切成圆片，用盐水焯熟后烘干，吃时加适量糖、醋、酒即可。

酱胡萝卜

盐腌一宿，风干，入甜酱。

又，腌菜卤内泡数日，晒干入酱。

【译】将胡萝卜用盐腌一夜，取出风干，再放入甜酱。

另，将胡萝卜放入腌菜卤内浸泡几天，晒干后放入甜酱。

酱胡萝卜心

去外皮，入甜酱十日取起，切丁头块，拌莳萝、花椒，装坛。

【译】将胡萝卜去掉外皮，放入甜酱中十天后取起，切成丁头块，拌入莳萝、花椒后装坛。

青菜、白菜

春日有小青菜、小白菜，三月有蔓菜，六月有火菜[①]，十月有汤白菜，十一月有晚白菜，虽有大小、先后之不同，大约种类、风味俱相似，制法可以专用，亦可通用，此荤素咸宜之物也。

【译】春天有小青菜、小白菜，三月有蔓菜，六月有火菜，十月有汤白菜，十一月有晚白菜。这些菜虽有大小、先后出产的不同，但大约种类、风味都相似。做法可以单独专做，也可以通用。这些菜都是可荤做也可素做的。

烩菜心鱼圆[②]

白菜心嵌入鱼圆烩。

【译】（略）

青菜烧撕碎熟蛋皮[③]

青菜烧鸭舌[④]

青菜烧蟹肉

净蟹腿更好。

【译】（略）

① 火菜：盛夏所产青菜之别称。

② 原抄本此处无标题，为注译者添加。

③ 原抄本此处只有标题。

④ 原抄本此处只有标题。

青菜烧火腿片[1]

青菜烧虾米、冬笋片

皆宜多入脂油。

【译】（略）

炒青菜

青菜择嫩者，笋炒之。夏日，芥末拌，加微醋可以醒胃。

【译】挑选嫩的青菜，与笋炒着吃。夏天时，青菜可以用芥末拌着吃，加少许醋可以醒胃。

青菜烧杂果

不拘汤菜、白菜、蔓菜，洗切，麻油炒，加栗肉、白果、笋片、冬菇、酱油、酒、姜汁烧。

【译】无所谓是汤菜、白菜、蔓菜，洗净后改刀，用麻油炒过，加入栗肉、白果、笋片、冬菇、酱油、酒、姜汁进行烧制。

烧晚青菜

切段，先用麻油略炒，配大魁栗煮烂去皮壳，加酱油、瓜酒[2]、生姜、醋烧。

【译】将青菜切段，先用麻油略炒，配入煮烂并去皮、壳的大魁栗，加入酱油、木瓜酒、生姜、醋进行烧制。

---

① 原抄本此处只有标题。

② 瓜酒：疑为木瓜酒。

烧汤菜

取汤菜心切段，配芋头块，麻油、酱、酒烧。

【译】（略）

烧白菜

白菜炒食，或笋煨亦可，火肉[1]片煨，鸡汤煨亦可。

【译】白菜炒着吃，也可以同笋一起煨制，同火腿片煨制、鸡汤煨制也可以。

烧菜羹

取箭杆白[2]嫩梗，去皮，切骰子块，配脂油、笋、火腿各丁，豆粉、鸡汤煨。

【译】取箭杆白的嫩梗，去掉皮，切成色子块，配入脂油、笋丁、火腿丁，加豆粉、鸡汤进行煨制。

拌白菜

焯过，用清水一滤，挤干，同熬过麻油、酱油、醋、洋糖拌，其色青脆。豆芽、水芹同（熬麻油入花椒，略沸即止，太过便无味，还冷可用）。

【译】将白菜用开水焯过，再用清水过滤，挤干水分，同熬过的麻油、酱油、醋、白糖拌着吃，菜的颜色青脆。豆芽、水芹的做法与此相同（熬麻油时加入花椒，油稍开即止，过火便无味，晾凉后可用）。

---

① 火肉：火腿。

② 箭杆白：白菜的一种。菜身长，腰身高，属于十字花科，多生长于气候温和湿润的豫南地区。

拌白菜丝

取生嫩心，配香蕈丝拌。

【译】（略）

拌晚青菜头

切片盐腌，用时加麻油、醋拌。

【译】（略）

烧蔓青菜

先用麻油炒，配腐皮、酱油、瓜酒、生姜烧。

【译】（略）

腌蔓青菜

切段盐腌，加生姜丝，石压一昼夜，用时少入醋。

【译】（略）

雪盦菜

菜心少留叶，每株寸段装碗，以乳酥饼作片盖菜上，再加花椒末、盐、酒浇满碗中，上蒸笼。

【译】菜心少留叶，每棵切成寸段后装碗，用乳酥饼切成片盖在菜上，再加入花椒末、盐、酒浇在碗中并浇满，上蒸笼蒸制。

三和菜

醋一分，酒一分，水一分，甘草、盐调和煎滚，菜切段拌匀，加姜丝、桔皮丝少许、白芷二斤，重汤蒸。

【译】取一分醋、一分酒、一分水，加入甘草、盐调和后煮开，把青菜切段后拌匀，加入姜丝、少许橘皮丝、两斤白芷，隔水蒸制。

蒸菜干

洗净阴干，滚水焯半熟，晾干，加盐、酱油、花椒、莳萝、桔皮、砂糖同煮。

又，晒干收贮，用时加麻油、醋，饭上蒸。

【译】将青菜洗净后阴干，用开水焯半熟，晾干，加入盐、酱油、花椒、莳萝、橘皮、砂糖一同煮制。

另，将青菜晒干后收贮，用时加麻油、醋，放在饭上蒸制。

青菜爊面

青菜切段，笋片、虾米、火腿、鸡肫、鸡肉、鸡汤，加酱油爊面。

【译】将青菜切成段，配入笋片、虾米、火腿、鸡胗、鸡肉、鸡汤，加入酱油熬面。

糖春菜

春日，青菜头切半寸段，用盐腌，去卤，拌洋糖、姜米。

又，切半寸段，拌火腿丝、虾米、熟芝麻，少加醋。

【译】春天的时候，将青菜头切成半寸段，用盐腌渍，去掉盐卤，捞出拌白糖、姜米吃。

另，将青菜切成半寸段，拌入火腿丝、虾米、熟芝麻，加少许醋拌着吃。

拌冬菜心

取菜心风一二日焯，或淡盐略腌，加虾米、麻油、醋拌。

【译】取冬菜心风干一两天后焯水，或者用少许盐略腌，加入虾米、麻油、醋拌着吃。

炒青菜心

配冬笋片、千张豆腐，多用脂油炒。

又，配茭瓜片，麻油炒。

【译】将青菜心配冬笋片、千张豆腐，多加些脂油炒制。

另，将青菜心配茭瓜片，用麻油炒制。

炒腌菜心

腌菜心配冬笋片，少加豆腐、作料炒。

【译】（略）

白菜鲊

冬白菜嫩者去头尾，切三分段，淡盐腌一宿，挤干，入炒盐、莳萝，不宜过咸。

【译】将嫩的冬白菜去掉头、尾，切成三分的段，用少许盐腌一夜，挤干水分，再加入炒盐、莳萝，不要太咸。

姜醋白菜

嫩白菜洗净阴干，取头刀、二刀，盐腌入瓶。另用醋、麻油煎滚，一层菜一层盐、姜丝，将麻油、醋浇之收贮。

【译】将嫩白菜洗净后阴干，取第一刀、第二刀，用盐腌装入瓶中。另将醋、麻油煮开，一层菜一层盐、姜丝，浇入麻油、醋后收贮。

甜干菜

取白菜加洋糖煮，仍晒干，切段装瓶。

【译】（略）

蜜饯干菜

腌白菜晒干，用洋糖煮；仍晒干，拌蜜装瓶。

【译】将腌白菜晒干，用白糖煮过；再晒干，拌入蜜后装瓶。

蒜咸菜

小雪[1]后腌菜，每株内加夹青蒜二三根，打肘装瓶。

【译】在小雪节气后腌菜，每株菜内加夹两三根青蒜，打成肘状装瓶。

风瘪菜

将冬菜心风干，腌后榨出其卤，小瓶装之，泥封其口，倒放灰上。夏食之，其色黄，其臭香。

【译】将冬菜心取出风干，腌渍后榨出卤汁，放入小瓶装好，用泥封好瓶口，倒放在灰上。这种小菜夏天吃的时候，颜色黄且味道清香。

炸风菜

风干略焯，挤去水，入盐、椒、麻油拌，装瓶。

【译】将菜风干后略焯，挤去水分，加入盐、花椒、麻

---

① 小雪：二十四节气之一。

油拌匀后装瓶。

风白菜心

冬菜取嫩心，用绳扎起，悬风处，或煮或炒皆可。

【译】取冬菜的嫩心，用绳捆好，挂在通风的地方，或煮或炒都可以。

腌白菜

每菜一百斤，先晒瘪①，洗净晾干，用盐八斤，多则咸，少则淡，盐内拌碎熟芝麻，用时似有油而香。

腌菜缸内置大石压三四日，打肘装坛，约加盐三斤，浇以河水，封口用盐卤拌草灰，不用草塞。冬日腌熟白菜，须于未立春前，将腌菜每株绞紧，装小坛捺实，灌满原卤，加重盐封口，放避风阴处，可至来夏不坏。临用开之，勿见风，见风黑。又，暴腌②菜略晒即可腌，切碎腌更便。又，腌菜，洗净阴干，不可脚踏，加盐叠腌③，其菜脆而甘美。又，腌白菜取高种而根株④小、晚稻田种、不经雪者佳，经霜皮脱；早稻田种者瘦，棵大者难干。取散船菜⑤若成把，多塞黄叶、烂泥。又，腌用小缸，易完而味不酸。

---

① 晒瘪：晒干枯、凹瘪。

② 暴腌：北方部分地区俗语。食物腌的时间短，将食物洗净后，加盐放置一两个小时即可。

③ 叠腌：一层菜一层盐。

④ 根株：植物的根和主干部分。

⑤ 散船菜：似指长得不好的菜。

【译】每一百斤菜，先晒凹瘪，洗净后晾干，用八斤盐，盐多则咸，盐少则淡，盐内拌入熟芝麻碎，吃的时候似有油和香味。

腌菜的缸内放大石头压三四天，再打成肘状装坛，约加三斤盐，浇入河水，用盐卤拌草灰封闭坛口，不要用草塞。冬天的时候腌熟白菜，要在立春节气前，将每株腌菜绞紧，装入小坛内按实，灌满原腌菜卤，再用很多盐封闭坛口，放在避风阴凉处，可到第二年夏天都不会坏。临用时再打开，不要见风，见风菜会变黑。另，暴腌菜略晒后就可以腌了，切碎腌更方便。另，腌菜时要洗净后阴干，不可以用脚踏，要加盐叠腌，腌出来的菜又脆又甜美。另，腌白菜时要选用高处种且根株小的、晚稻田种的、没有经过雪的为好，经过霜的皮易脱；早稻田种的菜瘦小，棵大的菜不容易干。散船菜如果能成把的，会塞有黄叶和烂泥。另，腌菜时用小缸，容易腌好而味道不酸。

五香冬菜

取嫩菜洗净阴干，每菜十斤，盐十两，加甘草数茎、莳萝、茴香装瓮，以手捺实，至半瓮，再加前甘草等物，装瓮满，重石压之。三日后，挤捺，倒去卤，另贮净器，忌生水，俟干，略以盐卤浇上。又七日照前法再倒，始用新汲水浸没，仍用重石压。如交春[1]用不尽，滚水焯，晒干装坛，

---

① 交春：立春。

或煮或蒸，并煨肉，烧豆腐亦可。

【译】取嫩冬菜洗净后阴干，每十斤冬菜用十两盐，要加几棵甘草和适量莳萝、茴香装入瓮中，用手将冬菜按实，冬菜装到半瓮时，再加入前面准备的甘草等物，并将瓮装满，用大石头压好。三天后，挤按冬菜，倒去盐卤，将冬菜另存干净的容器，不要沾生水，等干后浇上少许盐卤。再过七天按照前面的方法，再挤按冬菜再倒去盐卤，这时浇入新打来的水浸没冬菜，仍用大石头压好。如到了立春腌菜还没有吃完，就用水焯一下，晒干后装坛，可煮可蒸，可以煨肉，烧豆腐也可以。

冬菜汤

配虾米、笋片做汤。

【译】（略）

霉干菜

每菜一百斤，用盐四斤。河水洗净，晒半干，焯透再晒，切碎蒸过，再晒，即为霉干菜。

【译】每一百斤菜用四斤盐。将菜用河水洗净，晒半干，开水焯透再晒，晒干切碎后蒸过，再晒，就成霉干菜了。

腌汤菜

冬月腌七日，加炒盐、姜丝、花椒、莳萝，打肘入坛，盐封口，临用洗切。

【译】冬天的时候，将菜腌渍七天后，加入炒盐、姜丝、花椒、莳萝，打成肘状装入坛中，用盐封坛口，临用时洗净后改刀。

风汤菜

风干切段，用麻油、酱油、酒炒，入瓷坛内，加芥末焖。

【译】将菜风干后切成段，用麻油、酱油、酒炒制，再装入瓷坛内，吃的时候加入芥末焖制。

水菜

洗净白菜一百斤，晾三日，用盐五斤腌三日，加生姜、炒盐、莳萝拌匀，撒入菜头内，即打肘，以本身叶包装坛。五日作料入味，河水洗净用。

【译】将一百斤白菜洗净，晾制三天，用五斤盐腌三天，要用生姜、炒盐、莳萝拌匀，撒入菜头内，马上打成肘状并用本身的菜叶包好装入坛中。五天后作料入味了，用河水洗净后做菜。

酸干菜

咸菜晒干，用原卤加醋、红糖煮，或拌黑豆煮。

【译】将腌好的咸菜晒干，用原卤加醋、红糖煮制，或拌入黑豆煮制。

腊菜头

腊月极冻日，将菜头腌半干切碎，用黄豆或黑豆，大约六分豆、四分菜，一分红糖、一分酒，同菜卤入锅，较豆低半指，煮时用勺屡焯，俟熟取出，铺地冷透，加花椒、茴香，经年不坏。

【译】在腊月最冷的日子，将菜头腌半干后切碎，用黄豆或黑豆，大约六分豆、四分菜，一分红糖、一分酒，同菜卤一并入锅，汤汁要比豆低半手指，煮时用勺子不断地搅动，等熟后捞出，铺在地上晾凉，加些花椒、茴香，一年都不会坏。

冬齑菜

冬菜略洗净，入滚水焯二分熟装坛，灌满凉水，箬盖，晒七日可用。

【译】将冬菜略洗净，放入开水中焯两成熟后装坛，坛中灌满凉水，用箬叶盖好，晒制七天后可以取用。

糟白菜

净菜一百斤，盐四斤，腌透，八分榨干，加花椒一两、麻油二斤、莳萝一两，本身菜叶包好，麻皮扎，一层菜一层酒娘，封固。

又，菜晒干，切二寸段（每棵只取头边[1]第二刀），以椒盐细末糁上[2]，每一刀，大叶一片包裹，入坛一层，一层酒娘，封好月余取用。

【译】将一百斤净菜用四斤盐腌透，榨八成干，加入一两花椒、两斤麻油、一两莳萝，用本身的菜叶包好，用麻皮

---

① 头边：似应为“头刀”。

② 糁上：掺上。

捆好，一层菜一层酒酵码入坛中，将坛封闭牢固。

另，将菜晒干，切成两寸的段（每棵只取第一刀和第二刀），掺上花椒盐细末，每一刀都用一片大菜叶包裹好，装入坛中，一层菜一层酒酵，封好坛后一个多月就可取用了。

酱菜台梗

青菜台梗去皮，盐腌晒干，入甜酱十日取出，抹去酱，切小段。

【译】将青菜薹梗去掉皮，盐腌后晒干，放入甜酱中十天后取出，抹去酱，切成小段。

干菜酥盒

干菜水浸挤干，㔉碎，加网油丁拌熟脂油，用油面包做盒子，脂油炸酥。

【译】将干菜用水泡过并挤干水分，剁碎，加猪网油丁并拌入熟脂油，用油面包成盒子，再用脂油炸酥即可。

汤菜煮饭

切碎，加麻油煮饭。

【译】（略）

陈糟菜

取腌过风瘪菜，以食菜叶包之，每放一小包，铺香糟一层，重叠坛中。取食时，开包用之，糟不粘菜，而菜得糟味。

【译】取腌过的风瘪菜，用菜叶包好，每放一小包要铺一层香糟，一层一层码入坛中。取出食用时，开包即可，这样糟不粘菜而菜中又有糟味。

酸菜

冬菜心微腌，加糖、醋、芥末，带卤入坛中，微加酱油亦可。

又，用整白菜下滚水一焯，不太熟取起。若先用时，收贮用煮面汤，其味至酸，将焯菜装坛，面汤灌之，淹密为度，十日可用。若无面汤，以饭汤作酸亦可。

又，将白菜劈开、切断，入滚水一焯取起，要取得快才好，即刻入坛，用焯菜之水灌下，随手将坛口封固，勿令泄气，次日可开用，菜既酸、脆，汁亦不浑。

【译】将冬菜心微腌，加入糖、醋、芥末，连腌卤一并装入坛中，加少许酱油也可以。

另，将整个的白菜下在开水中焯一下，不等太熟就要捞出。如果想提前用，收贮时加入煮面汤，菜味就会酸，将焯好的菜装坛，灌入面汤，将菜淹没为止，十天就可以用了。如果没有面汤，用米饭汤做酸菜也可以。

另，将白菜劈开、切成段，用开水焯一下后捞出，要捞得快才好，捞出后马上装坛，再灌入焯菜的水，随手将坛口封闭严实，不要漏气，第二天可以打开取用，菜又酸又脆，汤汁也不浑浊。

甜辣菜

白菜帮带心叶一并切寸半许长，俟锅中滚有声，将菜一焯取起，晾干，以米醋和洋糖、细姜丝、花椒、芥末、麻油少许调匀，倾入菜内拌好装坛，三四日可用，甚美。

【译】将白菜帮及菜心、菜叶一并切成一寸半左右长，等锅中的水开有声时，将菜焯一下后捞出，晾干，将米醋和白糖、细姜丝、花椒、芥末、少许麻油调匀后倒入菜内拌好并装坛，三四天后可以取用，味道非常好。

三辣菜

萝卜切寸段，用盐少许腌一宿取起，入蒲包压去水。白菜心、芥菜心俱风干，切成小段，用滚水泡，将二菜并萝卜洗净，又晒干，用小茴香、花椒末再加细盐拌之入坛，拿好①封固，一月后即可用。加红萝卜丝亦可。

【译】将萝卜切成寸段，用少许盐腌一夜后捞出，装入蒲包中压去水分。将白菜心、芥菜心都风干后切成小段，用开水泡过，将这两种菜同萝卜一并洗净，再晒干，用小茴香、花椒末再加细盐拌匀后装入坛中，封闭严实，一个月后就可以取用了。加红萝卜丝也可以。

十香菜

嫩姜去皮切细丝；红萝卜切细丝；藕去皮，切细丝，滚水焯过半熟；山药切丝亦焯过；白菜心切寸长，滚水焯半

① 拿好：何意不详。

熟；芫荽用梗，切寸长，生用；酱瓜切细丝；腌花椒；杏仁去皮。每种酌量加入，以酱油泡过头，如淡加盐，太咸加冷滚水，入瓜子仁、栗片更好。

【译】嫩姜去皮后切成细丝；红萝卜切成细丝；藕去皮，切成细丝，用开水焯至半熟；山药切成丝也焯过水；白菜心切成一寸长的段，用开水焯至半熟；芫荽只用梗，切成一寸长的段，要生用；酱瓜切成细丝；腌好的花椒；去皮的杏仁。每种原料都适量加入，用酱油泡透，如果淡就加些盐，如果太咸就加凉开水，加些瓜子仁、栗片更好。

甜酱菜干

拣圆梗白菜洗净阴干，入滚盐水焯鬒[1]后用，菜嫩而味甜，饭锅上蒸之。又，白菜干蒸黑，切寸段，麻油拌用，以之烧肉。日久不坏。

【译】挑选圆梗的白菜洗净后阴干，下入盐开水中焯黑后用，白菜又嫩口味又甜，再放入饭锅中蒸制。另，白菜干蒸至黑，切成寸段，麻油拌后食用，用白菜干来烧肉也可以。白菜干长时间都不会坏。

---

① 鬒（zhěn）：黑貌。

黄芽菜

（八月起，正月止）

安宿[①]者佳，无筋而肥。

【译】（略）

种黄芽菜

止留菜心，埋地二寸许，以粪土压平，覆以大缸，外加土密封，半月后其菜发芽，可以取用。

【译】只留黄芽菜心，埋入地里两寸左右，用粪土盖平，上面扣上大缸，缸外加土密封，半个月后菜发芽，可以取用。

制黄芽菜

杭人去取黄芽菜，于每棵心内加花椒一二粒，少许入缸钵，以石压之，外加水浸，一日即脆美可用。

【译】杭州人取来黄芽菜，会在每棵菜心内加一两粒花椒，一部分放入缸钵中，用石头压好，外面加水浸泡，一天后黄芽菜又脆又好吃。

炒黄芽菜

炒鸡作配搭甚佳，单炒亦佳，醋搂之半生半熟更脆，北方菜也。

---

① 安宿：安肃。指河北白洋淀沿岸的安新、徐水一带地方。徐水古称“安肃”。据李渔《闲情偶寄》：“菜类甚多，其杰出者则数黄芽。此菜萃于京师而产于安肃，谓之安肃菜，此第一品也。每株大者可数斤，食之可忘肉味。”

【译】炒鸡时用黄芽菜做配料非常好，黄芽菜单炒也好，将黄芽菜醋熘至半生半熟口感更脆，这是北方菜。

烧黄芽菜

取心切段，配火腿、冬笋片，多用猪油烧。亦有入糯米小汤圆烧。切段，配笋丝或菌丝、酱油、酒、笋汤或蘑菇汤烧烂用。

【译】取黄芽菜心切成段，配入火腿、冬笋片，多用些猪油进行烧制。也有将黄芽菜放入糯米小汤圆里烧制的。将黄芽菜切成段，配入笋丝或菌丝、酱油、酒、笋汤或蘑菇汤烧透后食用。

拌黄芽菜

生菜心切碎，配虾米、麻油、醋拌。

【译】（略）

黄芽菜煨羊肉

切寸段用，煨。

又，黄芽菜煨家乡肉亦好。

【译】（略）

醋搂黄芽菜[1]

取片寸段微炒，加麻油醋搂，少入酱油。

【译】（略）

① 醋搂黄芽菜：醋熘黄芽菜。

蜜饯黄芽菜

取片腌咸晾干，加洋糖、蜜、茴香、姜丝、莳萝装瓶。

【译】（略）

腌黄芽菜

整棵黄芽菜洗净，挂绳阴半干，以叶黄为度，切五寸长，用盐揉匀，隔宿取出，挤去汁，入整花椒、小茴、桔皮、黄酒拌匀，不可过腌，亦不可太湿，装小坛封固，三日后可用。若欲久放，必将菜汁去尽，仍不变味。

又，腌黄芽菜。小雪时，取黄芽菜，去外老皮，晾一日，每百斤用盐八斤，腌入缸，七八日取出，加莳萝、茴香、姜丝塞入菜心装坛，原卤浇满，十数日可用。春日用之更佳。

又，腌黄芽菜。淡则味鲜，咸则味恶，然欲久放，则非咸不可。常腌一大坛，三伏时开之，上半截虽臭烂，而下半截香美异常，色如白玉甚矣。相士之不可但观皮毛也！腌冬菜同。

【译】将整棵的黄芽菜洗净，挂在绳上阴半干，直到叶子黄了为止，切成五寸长的段，用盐揉匀，隔一夜后取出，挤去汁，加入整个的花椒、小茴、橘皮、黄酒拌匀，不要腌透，也不要太湿了，装入小坛且封闭严实，三天后可以取用。如果想长时间存放，一定要将菜汁去尽，这样才不会变味。

另，腌黄芽菜。小雪节气的时候，取黄芽菜，去掉外面老皮，晾一天，每一百斤黄芽菜用八斤盐，将黄芽菜腌入缸，七八天后取出，加入莳萝、茴香、姜丝塞入菜心并装坛，将坛子用原盐卤灌满，十几天后可以取用。春天时取用更好。

另，腌黄芽菜。盐放得少味道就鲜，盐放得多味道就差。但是，想放得时间长，却非多放盐不可。常常是腌上一大坛，三伏天打开，上半截虽然已经臭烂，但下半截却香美异常，色白如玉。是啊，看人不可只看到表面呀！腌冬菜的方法与此相同。

暴腌黄芽菜

三日即可用。

【译】（略）

拌暴腌黄芽菜

菜心切半寸段，淡盐腌半日，拌麻油、姜米、醋，亦可加虾米、火腿丁。

【译】将黄芽菜心切成半寸的段，用少许盐腌半天，拌入麻油、姜米、醋，也可以加些虾米、火腿丁。

醋黄芽菜

去叶晒软，摊开菜心更晒，令内外俱软，炒盐腌一二日，晾干装坛，一层菜，一层茴香、椒末，捺实，用醋灌满，一月可用。各菜俱可做。

【译】将黄芽菜去叶后晒软，摊开菜心再晒，使菜的内外都晒软，一层菜一层炒盐腌一两天，晾干后装坛，要一层菜撒一层茴香、花椒末，按实后用醋将坛灌满，一个月后可以取用。各种青菜都可以这样做。

酱黄芽菜

整棵去根装袋，入甜酱，七日取起，切小段，拌盐、姜丝装瓶。黄芽、葱，用莳萝，不用姜丝，余法同。

【译】将整棵的黄芽菜去根后装袋，放入甜酱中，七天后取起，切成小段，拌入盐、姜丝后装瓶。酱黄芽时用葱、莳萝，不用姜丝，其他做法相同。

芥菜

冬月者佳，春季次之。

【译】（略）

拌芥菜

十月，取新嫩芥菜细切，滚水略焯，加萵苣干、熟芝麻、麻油、芥花、飞盐拌匀入瓮，三五日开用。

【译】十月的时候，取新嫩芥菜切成丝，用开水焯一下，加入萵苣干、熟芝麻、麻油、芥花、精盐拌匀后装入瓮中，三五天后打开食用。

拌芥菜头

切丝焯熟，加麻油、酱油、酒，炒芝麻拌。

【译】将芥菜切成丝后焯熟，加入麻油、酱油、酒、炒熟的芝麻拌着吃。

炒芥菜

加麻油、酱油、酒、醋炒。

【译】（略）

烧芥菜

鲜菜略风干，切寸段，加甜酱、醋烧，不可过熟，其味乃辣，亦有加萝卜小片者。

【译】将鲜芥菜略风干，切成寸段，加入甜酱、醋进行烧制，不要烧得太熟，菜的味道是辣的，也有加些小萝卜片的。

烧芥菜苔

配笋，加麻油、酱油、酒烧。

【译】（略）

焖芥菜苔

腌数日，入蒲包榨干，加花椒、莳萝入瓷瓶焖。

【译】（略）

焖芥菜头

切丝，投滚水渫，加青豆、炒盐入瓷瓶焖。

【译】（略）

风芥菜

取菜心晾透风处阴干，加炒盐、茴香、莳萝揉软，各绾小髻，入坛封好，可留至次年六月。

【译】将芥菜心放在通风的地方阴干，加入炒盐、茴香、莳萝再揉软，分别绾成小髻，装入坛中封严实，可保存到第二年的六月。

乌芥菜心

切段，用飞盐轻手拌匀晒干，饭上蒸熟，加红糖、醋、莳萝各少许，拌匀装瓶封固，可用一年。

【译】将芥菜心切成段，加入精盐用手轻轻拌匀后晒干，放入饭上蒸熟，加入少许红糖、醋、莳萝，拌匀后装瓶封闭严实，可用一年。

腌蒜芥菜

芥菜配蒜片，盐腌榨干，加炒盐、莳萝装瓶。

【译】（略）

辣芥菜

勿见生水，阴干后滚水略焯，晾冷，飞盐、酒拌入瓮，浇菜卤封好，放冷地。

【译】芥菜不要沾生水，阴干后用开水焯一下，晾凉，用精盐、酒拌匀后装入瓮中，浇上菜卤后封闭严实，放在凉地上。

芥菜齑

洗净，将菜头十字劈开，晒干后切碎。取小萝卜切两半，亦晒干，后切小方片，并作一处，加盐、椒末、茴香、酒、醋拌腌入瓮，三日后可用。青白间杂[1]，鲜洁可爱。

【译】将芥菜洗净，把芥菜头十字劈开，晒干后切碎。取小萝卜切成两半，也要晒干，再切成小方片，与芥菜合并在一起，加入盐、花椒末、茴香、酒、醋拌匀后装入瓮中，三天后就可以用了。芥菜齑青白相间，干净漂亮。

倒覆芥菜

冬月，取青紫芥切寸段，入萝卜片，炒盐揉透装坛，倒覆地上，一月后可用，加香料更好。

【译】冬天的时候，取来青紫芥切成寸段，加入萝卜

① 间杂：错杂，相间。

片，用炒盐揉透后装入坛中，倒置在地上，一个月后可以取用，加些香料更好。

藏芥菜

勿见生水，晒六七分干，去叶，每斤盐二两，腌一宿取出，扎小肘装瓶，倒转[1]沥水，用器盛接，将水入锅煎清，仍浇入封固，夏月用。

【译】芥菜不要沾生水，晒至六七成干，去掉叶子，每斤芥菜用二两盐腌一夜后取出，扎成小肘状装入瓶中，倒过来控水，用容器来盛接，将控出的水放入锅中煮清亮，再浇入瓶中，将瓶封闭严实，夏天的时候取用。

冬芥

名雪里红。菜十斤，炒盐十两，腌缸内，三日揉一次，另过一缸，菜卤收贮，三日又揉一次，如此五次，加花椒、莳萝，捺实装坛，倾入菜卤泥封，不可太湿。

又，去整腌[2]，以淡为佳。

又，取菜心风干，切碎腌入瓶中，熟后放鱼羹中极鲜，或用醋拌作辣菜亦可。

【译】冬芥，名叫雪里蕻。十斤雪里蕻用十两炒盐，腌入缸内，三天后揉一次，另外盛入一缸，将盐卤收贮，三天后再揉一次，如此做五次，再加入花椒、莳萝，将菜装坛并

---

① 倒转：倒过来；反过来。

② 去整腌：有脱字，似应为“去黄叶整腌”。

按实，倒入菜卤用泥封闭坛口，不要太湿了。

另，去黄叶整棵腌渍，最好少放盐。

另，取雪里蕻心风干，切碎后腌入瓶中，熟后放在鱼羹中，味道非常鲜，或用醋拌做成辣菜也可以。

糟芥菜梗

取梗寸段，略腌，装袋，入陈糟坛。

【译】（略）

闭瓮菜

有干、水二种。干则菜晾干、洗净，再晾干，加花椒、盐，打肘入坛捺实，可以久留；水则做法如上，入坛后七日即生水，灌满用之。

【译】闭瓮菜有干、湿两种。干闭瓮菜，将菜晾干后洗净，再晾干，加入花椒、盐，打成肘状装入坛中并按实，可以长时间存放；湿闭瓮菜，做法同前，入坛后七天时，便将坛中灌满生水。

经年芥菜

菜不犯水，阴霉挂六七分干。每十斤约加盐半斤、好醋三斤，先将盐、醋烧滚，候冷，取生芥菜心切段拌匀，小瓶分装，泥封一年，临用加麻油、酱油。

【译】芥菜不要沾水，挂在通风的地方阴干，要六七成干。每十斤芥菜约加半斤盐、三斤上好的醋，先要将盐、醋烧开并晾凉，再把生芥菜心切段后拌匀，取小瓶分装，用泥封闭一年，临食用时加些麻油、酱油。

香干菜

春芥心风干，取梗，淡腌晒干，加酒、糖、酱油拌，再蒸之，风干入瓶。

又，取春芥心风干，斲碎腌熟入瓶，号称“挪菜”。

【译】春天的芥菜心先风干，去掉菜梗，加少许盐腌后晒干，再加酒、糖、酱油拌匀，然后再上锅蒸，蒸好后风干，最后装瓶保存。

另，取春天的芥菜心风干，剁碎腌透后装瓶保存，号称“挪菜”。

芥头

芥根切片，入菜同腌，食之甚脆。或整腌，晒干作脯，食之尤妙。

【译】将芥菜根切成片，入菜一同腌制，吃起来很脆。或者整个的芥菜根腌制，再晒干做成菜脯，吃起来也很好。

芝麻菜[1]

腌芥晒干，斲之极碎，蒸而食之，号“芝麻菜”。

【译】将腌好的芥菜晒干，剁得很碎，蒸熟后吃，号称“芝麻菜”。

腌芥菜

整棵芥菜，将菜头老处先行切起另煮，其菜身剖作两

① 芝麻菜：指今天的“细干菜”。

半，若菜大剖作四半，晒至干软，晾过两日，收脚盆[1]中。每菜十斤配盐三斤，要淡，二斤半亦可。将盐一半先撒菜内，手揉软，收大缸，面上用重石压之。过三日，先将净盆放平稳地方，盆上横以木板，用米篮[2]架上，将菜捞起入篮内，仍用重石压至汁尽。一面将汁煎滚，候冷澄清，一面将菜肘作把子，将原留之盐重重配装入瓶瓮。用十字竹板结之，最要捺实，再将清汁灌下，以淹密为度，瓮口泥封。瓮只用小，不必太大，用完一瓮，再开别瓮，日久不坏。

又，小满前收腌芥入坛，可交新。

【译】选整棵的芥菜，将菜头老的地方先切下来另煮，将芥菜身切成两半，如果菜的个头儿大就切成四半，将芥菜晒至干软，晾过两天，收入脚盆中。每十斤芥菜配入三斤盐，口味要淡一些，两斤半盐也可以。先将一半盐撒在菜里，用手揉软，收入大缸，面上用大石头压好。过三天，先将干净的盆放在平稳地方，盆上横木板，用米篮架上，将菜捞起放入篮内，仍用大石头压好，直到卤汁流尽。一边将卤汁煮开，晾凉并澄清，一边将菜扎成肘状的小捆，将剩下的一半盐重重配装入瓶瓮中。用十字竹板结之，最重要的是要按实，再将澄清的卤汁灌下，直到淹没菜为止，用泥封闭瓮口。瓮只用小的，不必太大，用完一瓮，再开另一瓮，时间

① 脚盆：洗脚用的盆。也泛指略大、可洗涤其他东西的盆。

② 米篮：一种能够方便有效地分离大米中沙石的生活用具。

长了不会坏。

另，小满前收腌芥菜入坛，可以交新。

霉干菜

将菜晒两日，每十斤配盐一斤，拌揉出汁，装盆重石压，六七日捞起时，用原卤摆洗去沙，晒极干蒸之，务令极透，晾冷揉软，再晒再蒸再揉四次，肘作把子，装坛塞紧候用。或蒸时每次用老酒灌之。

【译】将芥菜缨子晒两天，每十斤菜配一斤盐，用盐拌匀后揉出汁，装入盆用大石头压好，六七天后捞起时，用原卤洗去泥沙，再晒至非常干后蒸制，一定要蒸透，晾凉后揉软，再晒再蒸再揉共四次，扎成肘状的小捆，装入坛中塞紧坛口备用。或者每次蒸的时候灌入些老酒。

辣菜

取芥菜之旁芽、内叶并心、尾二三节，晒两日半，其根须剖晒，切寸为段。用清水比菜略多，将水下锅，煮至锅边有声下菜，用勺翻两三遍，急取起，压去水汽，用姜丝、淡盐花作速合拌，装瓶塞口，勿令稀松，其瓶口用滚芥叶水烫过，加纸二三重封好，将口倒覆灶上，二三时后，移覆地下，一日开用。要咸，用盐、醋、脂油或麻油拌；要甜，用糖、醋、麻油拌。

【译】取芥菜的旁芽、内叶及心、尾的两三节，晒两天半，芥菜的根必须都切开晒制，再切成寸段。准备清水，要比菜多一些，将水下锅，煮至锅边有声时下入菜，用勺子翻两三遍，快速捞起，压去菜中的水汽，用姜丝、淡盐花快速拌匀，装瓶后塞紧瓶口，不要让菜过于稀松，瓶口要用煮芥叶的水烫过，加两三层纸封好，将瓶口倒置在灶上，四五个小时后，再倒置在地上，一天后打开取用。如果吃咸口，就用盐、醋、脂油或麻油拌着吃；如果吃甜口，用糖、醋、麻油拌着吃。

经年芥菜辣

芥菜心不着水，挂晒至六七分干，切短条子，每十斤用盐半斤、好米醋三斤。先将盐、醋煮滚，候冷，下芥菜拌匀，瓷瓶分装，泥封，一年可用，临用加油、酱等料。

【译】芥菜心不要沾水，挂起来晒至六七成干，切成短的条状，每十斤芥菜用半斤盐、三斤上好的米醋。先将盐、醋煮开，晾凉，下入芥菜拌匀，用瓷瓶分装，用泥封闭严实，一年后可以取用，临用时加入油、酱等调料。

香干菜

（一名窨菜）

生芥心并叶、梗皆可，切寸段许长，嫩心即整棵用，老者拣去。

如冬瓜片子晒干，淡盐少许，揉得极软，装入小口坛，用稻直[①]塞紧，将罐倒覆地下，不必日晒，一月可用。或干

① 稻直：应为“稻草”。

用，或拌老酒或醋皆可。盐太淡即发霉，每斤菜加盐一两，少亦六七钱。

【译】将生芥菜心及叶或梗切成一寸左右长的段，如果是芥菜嫩心就整棵用，老叶要拣出去。

如果用冬瓜片需先晒干，加少许盐后要揉得非常软，装入小口的坛子，用稻草塞紧，将坛倒置在地上，不必在阳光下晒，一个月后可以取用。或者干用，或者用老酒或醋拌都可以。盐太少菜会发霉，每斤菜要加一两盐，最少也要用六七钱盐。

瓮菜

每菜十斤，配炒盐四十两，将盐层层隔铺揉匀，入缸腌压三日取起，入盆手揉一遍，换缸，盐卤留用，过三日又将菜取起，再揉一遍，又换缸，留卤候用，如是九遍，装瓮，每层菜上各撒花椒、小茴香，如此结实装好，将留存菜卤每坛入三碗，泥封，过年可用，甚美。留存菜卤若先下锅煮滚，取起候冷，澄去浑底[1]，加入更妙。

【译】每十斤菜，配入四十两炒盐，将菜用盐揉匀，一层菜一层盐铺入缸内，用大石头压好腌渍三天后捞起，放入盆中用手揉一遍。再换缸盛，盐卤备用。过三天后再将菜捞起，再揉一遍，再换缸，留卤备用。如此做九遍。最后装入瓮中，每层菜上各撒入花椒、小茴香，按实并装好，每个瓮

① 浑底：沉淀的杂质。

中加入三碗留存的菜卤，用泥封闭坛口，过年后可以取用，这样做出来的瓮菜非常好。留存的菜卤如果先下锅煮开，取起晾凉，再澄去杂质，加入瓮中更好。

香小菜

用生芥心或叶并梗皆可，先切一寸长，晒干，加盐少许，揉得极软装坛，以老酒灌下作汁，封口日晒，如干再加酒。

【译】取生芥菜心及叶或梗，先切成一寸长，晒干，加少许盐，将菜揉软后装坛，用老酒灌下作为卤汁，封闭坛口后放在阳光下晒制，如果卤汁干了就再加老酒。

五香菜

每菜十斤，配盐研细六两四钱。先将菜逐叶劈开，梗头厚处亦切碎，或先切寸许，分晒至六七分干，下盐揉至发香极软，加花椒、小茴、陈皮丝拌匀装坛，用草塞口极紧，勿令透气，覆藏勿仰，一月可用。

【译】每十斤菜，配入六两四钱研磨细的盐。先将菜逐叶劈开，梗头厚的地方也切碎，或者先切成一寸左右，分别晒至六七成干，下入盐揉至非常软且有香气，再加入花椒、小茴香、陈皮丝拌匀后装入坛中，用稻草将坛口塞紧，不要漏气，倒置坛子收贮，坛子不要仰放，一个月后可以取用。

煮菜配物

芥菜心将老皮去尽，切片。用煮肉之汤煮滚，下菜煮一二滚捞起，置水中泡冷取起，候配物同煮至熟。其青翠之色旧也，不变黄亦不过[①]，甚为好看。

【译】将芥菜心的老皮去干净，切成片。将煮肉的汤煮开，下入菜煮一两开后捞出，放在水中浸泡，菜凉后捞出，再与其他的食材一同煮熟。菜依旧保持青翠的颜色，不变黄也没有煮太烂，非常好看。

① 其青翠之色旧也，不变黄亦不过：疑有脱字，似应为“其青翠之色仍旧也，不变黄亦不过烂”。

大头菜

（十月有）

大头菜出南京承恩寺，愈陈愈佳，入荤菜中最能发鲜。

【译】大头菜产自南京的承恩寺，越陈越好，放入荤菜中最能提鲜。

大头菜脯

北来大头菜，滚水焯去咸味，加花椒、茴香、洋糖蒸，装坛，一年后用更美。

【译】北方来的大头菜，用开水焯去咸味，加入花椒、茴香、白糖蒸熟，装入坛中，一年后食用味道更好。

五香大头菜

莳萝、小茴、姜丝、桔丝、芝麻裹入菜心，打肘。

【译】将莳萝、小茴香、姜丝、橘丝、芝麻裹入大头菜心中，扎成肘状的小捆进行腌渍。

拌大头菜

细切丝，水浸，晾干，拌麻油、醋、芝麻酱。

【译】将大头菜切成细丝，用水浸泡后晾干，拌入麻油、醋、芝麻酱吃。

梅大头菜

大头菜蒸熟，加洋糖、醋，日晒夜露，一年后用。

【译】将大头菜蒸熟，加入白糖、醋，白天晒制夜晚打露水，一年后就可以取用了。

油菜苔

（正月有，二月止）

腌苔心菜

取春日苔菜心腌之，榨出其卤，装小瓶，夏天用之。风干其花，即名“菜心头”，可以烹肉。

【译】取春天的油菜心腌渍后压出卤汁，将菜装入小瓶，夏天时取用。风干的油菜苔花，称为“菜心头”，可以用来烹制肉食。

油菜苔干

取菜苔入滚水一焯，晒干贮用，多贮更好。菜苔味最美，惜不能常食。当其上市，遇天日晴好，即多购焯晒，如日暮[1]尚未全干，微用炭火焙之，总以一日制好为有味，越宿[2]则味减。

【译】取油菜用开水焯一下，晒干后收贮备用，存得越多越好。油菜味道很好，可惜不能经常吃。当油菜上市的时候，且遇天气晴好，要多买一些焯水后晒制，如果到了傍晚尚未干透，稍微用炭火烤一下，总之要在一天内做好味道才足，过夜味道就减弱。

① 日暮：太阳快落山的时候，傍晚。

② 越宿：过夜。

炒苔心菜

苔菜最懦[1]，剥去外皮，入蘑菇、新笋作汤。又炒用，加虾米亦佳。

【译】油菜心软嫩，先剥去外皮，加入蘑菇、新笋可以做汤。炒着吃时，加入虾米也很好。

霉干菜

油菜心连梗切寸段，以滚水焯过，取起日晒，略停一时，用手揉，如是七八次，务须一日做完，择日色晴明[2]办之，入坛蒸过，晾冷后入坛封固听用。炒肉极美。

又，油菜心腌后晒干，甚嫩。

【译】将油菜心连梗切成寸段，用开水焯过，取出放在阳光下晒，大概晒两个小时后用手揉，像这样做七八次，一定要在一天内做完，要挑选天气晴朗时来做，做好装坛蒸制，蒸好并晾凉后装入坛且封闭严实备用。用霉干菜炒肉吃非常好。

另，将油菜心腌后晒干，非常嫩。

油菜苔烧肉

配肉，取心切段，红烧。

【译】（略）

拌油菜苔

开水焯，加酱油、盐水、麻油、醋拌。

① 懦（nuò）：这里是软嫩的意思。

② 日色晴明：指天气晴朗。

又，略腌，加麻油、醋拌。

【译】将油菜用开水焯过，加入酱油、盐水、麻油、醋拌着吃。

另，将油菜略腌，加入麻油、醋拌着吃。

青菜煨海蜇

取菜苔，配海蜇，鸡汤煨，衬鸭舌、笋片、蘑菇。青菜苔煨鱼翅同。

【译】取油菜苔，配入海蜇，用鸡汤进行煨制，衬鸭舌、笋片、蘑菇即可。青菜苔煨鱼翅的做法与此相同。

瓶儿菜

春日菜苔，不见水，切半寸段，每一担[①]盐四斤，腌一二日榨干，入炒盐、莳萝、茴香贮小瓦瓶，瓶口用布塞紧，倒控灰内，一二月取用（瓶儿菜拌青蒜梗，收贮甚佳）。

【译】春天的油菜苔，不要沾水，切成半寸段，每一百斤油菜苔用四斤盐，腌渍一两天后榨干水分，用炒盐、莳萝、茴香拌匀后装入小瓦瓶内，用布将瓶口塞紧，倒置在灰内，一两个月后取用（瓶儿菜拌入青蒜梗，收贮更好）。

炒瓶儿菜

配鸡脯、作料炒。

【译】（略）

① 一担：一百斤。

豆儿菜

青菜心切段，晒略干，入炒黄豆、姜丝，每菜一斤盐一两，麻油拌匀，揉得有卤，装瓶。

【译】将青菜心切成段，晒至微干，加入炒黄豆、姜丝，每一斤菜用一两盐，加麻油拌匀，将菜揉出卤汁后装瓶。

芥末菜心

苔菜心风干，麻油微炒，入酱油即起，加发过芥末，装瓶。

【译】将苔菜心风干，用麻油微炒，加入酱油马上起锅，再加入发酵的芥末拌匀后装瓶。

瓢儿菜[1]

江宁者佳。

【译】（略）

烧瓢儿菜

先用麻油炒，配冬笋、酱油、瓜、生姜、醋烧。

【译】将瓢儿菜先用麻油炒过，再配冬笋、酱油、瓜、生姜、醋烧制。

炒瓢儿菜

炒瓢儿菜心，以干鲜无汤为贵。雪压后更软，不必加别物。

又，配千张豆腐、麻油、酱油、酒、姜米炒。

【译】炒瓢儿菜心，以达到干鲜、无汤为标准。经过雪压后的瓢儿菜更软，不必再加别的食材。

另，瓢儿菜配入千张豆腐、麻油、酱油、酒、姜米炒制。

① 瓢儿菜：指今天的油塌菜，俗称“塌果菜”。南京一带栽培较多，为冬季主要蔬菜之一。

甜菜

与鲜芥菜同煮，另有一味，必用荤汁始美。甜菜梗入汤先煮，次入叶煮，取出挤干，拌醋、姜、酱油、麻油。

【译】甜菜与鲜芥菜同煮，另有一种味道，一定要用荤汤煮才好。甜菜梗入汤中先煮，再下入甜菜叶煮，煮好取出挤干水分，拌入醋、姜、酱油、麻油。

乌松菜

取嫩茎汤焯半熟，扭干切碎块，入油略炒，少加醋，停一刻用。

【译】取乌松菜的嫩茎用开水焯半熟，攥干后切成碎块，加入油略炒，少加些醋，停一刻钟后食用。

阿兰菜

阿兰菜出南京南门外，采而干之，临用蒸熟，加麻油、酱油、虾米屑。

【译】阿兰菜产自南京南门外，采来晒干，临用时蒸熟，加入麻油、酱油、虾米碎拌匀即可。

蕨菜

蕨菜不可爱惜，须尽去其枝叶，单取直根。洗净煨烂，再用鸡肉汤煨。必买关东者才肥。

【译】烹饪蕨菜时不可太爱惜材料，必须把它的枝叶完全去掉，只留下直根。先将蕨菜直根洗净煨烂，再加鸡肉汤煨制。蕨菜要买关东出产的，这才是真正的好菜。

珍珠菜[1]

与蕨菜制法相同。

【译】（略）

① 珍珠菜：又称红根草、狼尾花、珍珠花菜、田螺菜、扯根菜、虎尾等。

羊肚菜[1]

出湖北，食法与葛仙米同。

【译】（略）

① 羊肚菜：羊肚菌。

韭菜

（三月有，初冬止）

凡用韭菜，不可过熟。

【译】（略）

炒韭菜

配野鸭片，作料炒。

又，摊蛋皮，配炒。

又，专取韭白[①]，加虾米炒之，或鲜虾亦可，肉亦可，甲鱼亦可。

【译】（略）

拌韭菜芽

摊蛋皮，加作料拌。

【译】（略）

腌韭菜

霜前拣肥嫩无黄梢者洗净，一层韭菜一层盐，一日翻数次，装坛时浇入原汁，上加麻油封口。

【译】在霜前挑选肥嫩、无黄梢的韭菜洗净，一层韭菜一层盐，一天要翻动几次，装坛时浇入原卤汁，上面洒麻油后封闭坛口。

① 韭白：韭菜茎。

糖醋韭菜

韭菜头盐腌榨干，入糖、醋装瓶。

【译】（略）

韭菜饼

韭菜细切，油炒半熟，配脂油丁、花椒末、甜酱拌匀，擀面作薄饼，两张合拢，中着前馅，饼旁掐花，油炸，北人谓之“盒子”。韲菜盒子同。

【译】将韭菜切碎，用油炒至半熟，配脂油丁、花椒末、甜酱拌匀成馅，擀面做成薄饼，两张薄饼合拢，里面加馅，饼旁捏花，再入油锅炸制，北方人称为“盒子”。韲菜盒子的做法与此相同。

韭菜盒

干面用脂油揉透做盒，韭菜切碎，配猪肉片，不可切丁，加作料拌匀做馅。

又，韭白拌肉，加作料，面皮包之，入油炸。

【译】将干面用脂油揉透做成盒，再将韭菜切碎，配入猪肉片，猪肉不能切丁，加作料拌匀做成馅。

另，韭菜茎拌肉，加作料做成馅，用面皮包馅，再入油锅炸制。

韭菜酥盒

韭菜剁碎，拌鸡肉丁、熟鸡油、酱油、酒，包油面做盒子，入脂油炸酥。

【译】将韭菜切碎，拌入鸡肉丁、熟鸡油、酱油、酒做成馅，包入油面做的盒子内，放入脂油锅内炸酥。

韭菜春饼

韭菜切碎，细切网油，拌盐、酒，包春饼，入脂油炸。

【译】将韭菜切碎，网油切碎，拌入盐、酒做成馅，包入春饼内，放入脂油锅内炸制。

腌韭菜花

配肉烧，或浇麻油、醋用。

【译】（略）

苋菜

（三月有，六月止）

苋菜大则无味，止可拌肉作馅。其初出寸许时，不拘青、红二种，可配鸡肉、火腿、笋、蕈作供，其力能壮人[①]。

【译】苋菜大了就没有味道，只能拌肉做成馅。苋菜刚长出一寸左右时，不论青、红两种的哪一种，都可配入鸡肉、火腿、笋、香蕈做成馅料，苋菜能使人身体强壮。

烧苋菜

择苋菜嫩头，不见水，加磨碎香蕈、虾仁烧。

又，苋菜先用麻油炒，配笋片、茭儿菜、蘑菇、笋汁、酱油、酒、姜米烧。

【译】挑选苋菜嫩头，不要沾水，加入磨碎的香蕈、虾仁进行烧制。

另，将苋菜先用麻油炒过，配入笋片、茭白、蘑菇、笋汁、酱油、酒、姜米进行烧制。

蒸苋菜

先用潮腐皮[②]将蒸笼底及四围布满，不可令有罅漏[③]，多放熟脂油，将整棵苋菜心铺上，蒸半熟，加酱油、酒再蒸，

① 壮人：使人身体强壮。

② 潮腐皮：潮汕腐皮。

③ 罅（xià）漏：裂缝，漏洞。

其色与生菜无异。白菜心同。

【译】先用潮汕腐皮将蒸笼的底部及四围铺满，不要有漏洞，多放些熟脂油，将整棵的苋菜心铺上，蒸至半熟，加入酱油、酒再蒸，颜色与新鲜的菜没有差别。蒸白菜心的做法与此相同。

烩嫩苋菜头

配小片鸭蛋白，鸡汤烩。

【译】选嫩苋菜头，配入小片的鸭蛋清，用鸡汤烩制。

苋菜

鲜苋菜，加磨碎虾米粉、鸡油作羹。

【译】选鲜苋菜，加入磨碎的虾米粉、鸡油做成羹。

苋菜汤

配石膏豆腐丁、盐、酒、姜汁，鸡汤烩。

【译】选鲜苋菜，配入石膏豆腐丁、盐、酒、姜汁，用鸡汤烩制。

苋菜饼

劗碎，配野鸭丁、鸡丁、姜末、酱油、酒、熟脂油，和面作小饼，油炸。苋菜饺同。

【译】将苋菜切碎，配入野鸭肉丁、鸡肉丁、姜末、酱油、酒、熟脂油做成馅，和面做成小饼包入馅料，放入油锅中炸制。苋菜饺的做法与此相同。

马齿苋

采苗叶，先以水渫过，晒干，油、盐拌。

【译】采马齿苋的苗、叶，先用开水焯过，晒干，用油、盐拌着吃。

拌苋菜

苋菜采苗叶，熟水洗净[①]，加油、盐拌。

又，晒干，炸，用油佳。

【译】采苋菜苗、叶，洗净后用开水焯过，加入油、盐拌着吃。

另，将苋菜晒干后炸制，用好油。

炒苋菜

苋菜须细摘嫩尖干炒，加虾米、虾仁更佳。

【译】苋菜需要仔细地摘下嫩尖来干炒，加入虾米、虾仁更好。

---

① 熟水洗净：似指将苋菜洗净后用开水焯过。

菠菜

（九月有，次年三月止）

菠菜肥嫩，加酱、水、豆腐煮之，杭人名“金镶白玉板”是也①。如此菜虽素而浓②，何必更加笋尖、香蕈矣。

【译】选嫩而大的菠菜，加入酱、水、豆腐煮制，杭州人说的“金镶白玉板”就是这个菜。菠菜这种菜，形虽瘦而质实肥，烹饪时可不必再加笋尖、香蕈。

菠菜汤

先用麻油一炒，配石膏豆腐、酱油、醋、姜做汤。

【译】将菠菜先用麻油炒过，再配入石膏豆腐、酱油、醋、姜做成汤。

拌菠菜

渫熟，配炸腐皮、麻油、酱油、醋、姜汁、炒芝麻拌。或加徽干丁。

【译】将菠菜汆熟，配入炸腐皮、麻油、酱油、醋、姜汁、炒芝麻拌着吃。也可以加徽干丁。

① 至今浙江人形容炒菠菜和炸豆腐为“红嘴绿鹦哥，金镶白玉板”。

② 虽素而浓：清代袁枚的《随园食单》曰：“虽瘦而肥。”

莼菜[1]

（四月有，清虚物也[2]）

莼菜

滚水略焯，加姜、醋拌。

【译】（略）

莼羹

莼、蕈、蟹黄、鱼肋作羹，名曰“四美”。

又，配肉丝、豆粉作羹。

【译】（略）

① 莼菜：又名“水葵”。生于水上，春、夏季采嫩叶作蔬菜。

② 清虚物也：因莼菜生在水中，叶片浮于水面，以飘忽不定，故称其为“清虚物”。

芹菜

（腊月起，五月止）

杭州及江宁者佳，野芹六七月尚有。

芹菜，素物也。取白根炒之，加笋，以熟为度。今人有以炒肉者，清浊不伦。不熟，虽脆无味。若生拌野鸡，又当别论。

【译】杭州及江宁产地的芹菜好，野芹在六七月还有。

芹菜，属于素物。用芹菜白根加笋同炒，炒熟即可。现在有人用肉炒芹菜的，清浊相配，不伦不类。不熟的芹菜，口感虽脆却没有味道。也有人用生芹菜拌野鸡肉，那又当别论。

熏芹菜

取近根一段晒干，装袋入甜酱，七日取起熏。

【译】取芹菜靠近根处的一段晒干，装袋后放入甜酱中，七天后取出熏制。

炒芹菜

配笋片、麻油、酱油炒。

又，切碎配五香腐干丁、麻油、酱油炒。

又，配冬笋炒，荤素俱可。

【译】（略）

拌芹菜

滚水㸃过，加姜、醋、麻油拌。

又，取近根白头切寸段，配韭菜、荸荠小片、熟鸡丝、白萝卜丝、盐、醋拌，亦有少加洋糖者。

【译】将芹菜用开水焯过，加姜、醋、麻油拌着吃。

另，取芹菜靠近根的白头切成寸段，配入韭菜、荸荠小片、熟鸡丝、白萝卜丝、盐、醋拌着吃，也有加少许白糖吃的。

罐头芹菜

盐滚水㸃过，入罐，浇熟麻油、醋、酱、芥末少许。

【译】用盐开水将芹菜焯过，装入罐中，浇上熟麻油、醋、酱、少许芥末拌着吃。

卤水芹菜

寸段，用矾略腌，浸虾油。

【译】（略）

五香芹菜

盐腌晒干，切段，拌花椒、小茴、大茴、丁香、炒盐装瓶。

【译】将芹菜用盐腌后晒干，切成段，拌入花椒、小茴香、大茴香、丁香、炒盐后装瓶。

腌芹菜

盐腌晒干。

【译】（略）

酱芹菜

盐腌数日，晒干，入甜酱。

【译】（略）

糖醋芹菜

出仪征县[1]，或腌或酱。干水芹略硬。

【译】（略）

野芹菜

芹菜拣嫩而长大者，去叶取梗，将大头剖开作三四瓣，晒微干揉软，每瓣缠作二寸长把子，即用酱过酱瓜之旧酱酱之，二十日可用。要用时取出，用手将酱捋去，加切寸许长，青翠香美。不可下水洗，水洗即淡而无味。如无旧酱，即将缠把芹菜，每斤配盐一两二钱，逐层腌入盆内，两三日取出，用原卤洗净，晒微干，将腌菜之卤，澄去浑脚[2]，倾入酱瓜黄[3]内（酱黄，即东洋酱瓜仍用之酱黄），泡搅作酱，酱与芹菜对配，如酱瓜法，层层装入坛内封固，不用日晒，二十日可用矣。

【译】挑选嫩且大的芹菜，去叶取梗，将大头切成三四瓣，晒微干后揉软，每瓣缠成两寸长的小把子，用酱过酱瓜

---

① 仪征县：江苏扬州西。

② 浑脚：沉淀杂质。

③ 酱瓜黄：疑“瓜”为衍字。

的旧酱来腌渍，二十天后可用。要用时将芹菜取出，用手将酱捋去，再切成一寸许左右的段，颜色青翠味道香美。芹菜不要下水洗，水洗后会淡而无味。如果没有旧酱，就将缠好把的芹菜（每斤芹菜配一两二钱盐）逐层腌入盆内，两三天后取出，用原盐卤洗净，晒微干。将腌菜的盐卤，澄去杂质，倒入酱黄内（酱黄，就是东洋酱瓜所用的酱黄），浸泡并搅成酱。酱与芹菜搭配，像酱瓜一样，层层装入坛中后封闭严实，不要用阳光晒，二十天后就可取用了。

荠菜

（端月[1]有，四月止）

东风荠

（即荠菜）

采荠一二斤洗净，入淘米水三升，生姜一块捶碎同煮，上浇麻油，不可动，动则有生油气，不着一些盐、醋，如知此味，海陆八珍皆不足数也[2]。

【译】将采来的一两斤荠菜洗净，加入三升淘米水和一块拍碎的生姜一同煮，再浇上麻油，不要动，动就会有生油气，不放盐、醋，如果知道此菜的味道，海里和陆地上的八珍都算不了什么。

拌荠菜

摘洗净，加麻油、酱油、姜米、腐皮拌。

【译】（略）

荠菜饼

切碎，加盐、酒、麻油、姜米拌，包饼炙。

【译】将荠菜切碎，加入盐、酒、麻油、姜米拌成馅，面皮包馅做成饼后烤熟。

---

① 端月：阴历正月。

② 不足数也：谓算不了什么。

炒荠菜

配腐干丁，加作料、炒熟芝麻或笋丁炒。

【译】（略）

荠菜子

采子用水调搅，良久成块，或作烧饼，或煮粥，味甚粘滑。叶炸作菜，或煮作羹皆可。

【译】采来荠菜子用水调和搅拌，很久后结成块，可以做烧饼，可以煮粥，味道非常黏滑。荠菜叶炸后做菜，或者煮成羹都可以。

香椿

（二三月有）

柚椿

嫩椿头，酱油、醋煮，连汁贮瓶。

【译】取嫩的香椿，用酱油、醋煮制，椿头连汁一并存入瓶中。

椿头油

取半老椿头阴干，切碎微炒，磨末，装小瓶罐，加小磨麻油，封固二十日，细袋煮出渣收贮。用时，取一匙入菜内。此僧家秘法也。

【译】将半老的香椿阴干，切碎后微炒，再磨末，装入小瓶罐内，加入小磨麻油，封闭二十天，用细袋煮出渣滓后收贮。用的时候，取一匙放在菜内即可。这是寺院的秘方。

制椿芽

采头芽滚水略焯，少加盐，拌芝麻，可留年余。供茶最美，炒面筋、烧豆腐无一不可。

又，采嫩芽焯熟，水浸洗净，油、盐拌。

【译】采来香椿头芽用开水略焯，加少许盐，拌入芝麻，可保存一年多。做好的香椿芽供茶最好，炒面筋、烧豆腐也都可以。

另，采香椿嫩芽用开水焯熟，在水中浸泡后洗净，用油、盐拌着吃。

椿菜拌豆腐

取嫩头焯过，切碎，拌生豆腐，加酱油、麻油。拌白片肉同。

【译】取香椿嫩头芽用开水略焯，切碎，拌入生豆腐，加酱油、麻油拌着吃。椿菜拌白片肉的方法与此相同。

熏椿

椿头肥嫩者，盐略腌，晾干熏。

【译】（略）

腌香椿

盐腌数日，晒干切碎，或入甜酱，或随腌拌用。

又，腌香椿，滚水泡过，略焖，沥干，拌麻油、醋。

【译】将香椿用盐腌几天，取出晒干后切碎，可以放入甜酱内，也可以腌后拌着吃。

另，腌香椿时，将香椿用开水泡过，稍微焖一会儿，取出沥干水，拌入麻油、醋即可。

干香椿扎墩梅

见梅部[1]。

【译】（略）

---

① 参看卷十《梅部·墩梅》条。此菜是用干香椿代线缠梅，再经腌、晒而制成。

椿树根

秋前采根，晒干捣筛，和面作小块，清水煮，加麻油、盐拌。

【译】立秋前采来椿树根，晒干后捣碎并细筛，用椿树根末和面做成小块，再用清水煮熟，加入麻油、盐拌着吃。

蓬蒿菜

（春二三月，秋八九月皆有）

蓬蒿汁

取汁，加豆粉、火腿、笋、蕈各丁作羹，色绿可爱，味亦鲜美。

【译】将蓬蒿榨汁，加入豆粉、火腿丁、笋丁、香蕈丁做成羹，颜色绿而漂亮，味道也很鲜美。

蓬蒿羹

煮极烂，加按扁鸽蛋、鸡油作羹。

又，取蒿尖，用油炸瘪，放鸡汤中滚之，起时加松菌[1]百枚。

【译】将蓬蒿煮烂，加入按扁的鸽蛋、鸡油做成羹。

另，取蓬蒿尖，用油炸瘪，放鸡汤中煮开，起锅时加一百枚松茸。

煨蓬蒿

配鸡油煨。

【译】（略）

烩蓬蒿

配石膏豆腐丁，加盐、酒、姜汁、鸡汤烩。亦可做汤。

---

① 松菌：松茸。学名松口蘑，别名松蕈、合菌、台菌，隶属担子菌亚门、口蘑科，是松栎等树木外生的菌根真菌，具有独特的浓郁香味，是世界上珍稀名贵的天然药用菌。

【译】将蓬蒿配入石膏豆腐丁，加盐、酒、姜汁、鸡汤烩制。也可以做成汤。

蓬蒿汤

取嫩尖，用虾米熬汁，和作料做汤。苋菜同。

又，配豆腐，加麻油、酒、酱油、姜做汤。

【译】取蓬蒿嫩尖，用虾米熬汤，调和作料做成汤。做苋菜汤的方法与此同。

另，将蓬蒿配入豆腐，加麻油、酒、酱油、姜做成汤。

炒蓬蒿

配香蕈或笋、盐、酒、麻油炒。

【译】（略）

酱蓬蒿

蓬蒿去叶用梗，腌一日，滚水焯过，晒干，入甜酱。

又，炸过，拌洋糖。

【译】将蓬蒿去掉叶子留梗，腌渍一天，用开水焯过，晒干后放入甜酱内。

另，将蓬蒿炸过，拌入白糖吃。

拌蓬蒿

焯熟去水，加芝麻、酱油、麻油、笋丁拌。

又，采苗叶焯熟，水浸洗净，油、盐拌，加徽干丁。

【译】将蓬蒿焯熟后去水，加芝麻、酱油、麻油、笋丁拌着吃。

另，将采来的蓬蒿苗、叶焯熟，用水浸泡后洗净，加油、盐拌着吃，可以加些徽干丁。

蓬蒿饼

取嫩头，飞盐略腌，和面作饼，油炸。

【译】取蓬蒿嫩头，用精盐略腌，用腌好的蓬蒿和面做成饼，用油炸熟即可。

蓬蒿裹馅饼

取蒿菜和面，包豆沙、糖、脂油丁做小饼，油锅略炸。

【译】用蓬蒿和面，包入豆沙、糖、脂油丁做成小饼，下入油锅中炸制。

煎蓬蒿圆

蓬蒿尖劗碎，拌豆粉，加笋汁、姜米、盐劗透作圆，入酒、麻油，煎。

【译】将蓬蒿尖剁碎，拌入豆粉，加笋汁、姜米、盐、酒、麻油做成丸，煎熟即可。

蓬蒿糕

取汁，和糯米粉，脂油、洋糖作馅，如蒸儿糕式。

【译】将蓬蒿汁，和入糯米粉，用脂油、白糖做成馅，像蒸儿糕的样子。

蒌蒿[1]

春夏有，生江中，味甚香而脆爽，有青、红二种，青者更佳。春初取心苗，入茶最香，叶可熟用，夏秋更可作齑。

【译】蒌蒿在春、夏季有，生在江中，味道很香且口感脆爽，有青色、红色两种，青色的更好一些。春季初起采来蒌蒿心、苗，煮茶非常香，蒌蒿叶要做熟吃，到了夏、秋季还可以做成齑。

拌蒌蒿

滚水焯，加酱油、麻油拌。

【译】（略）

蒌蒿炒豆腐[2]

蒌蒿炒肉[3]

水腌蒌蒿

取青色肥大者，摘尽老头，腌一日，可作小菜。若欲装罐，须重用盐，连卤收贮，脆绿可爱，但见风即黑，临用时取出始妙。罐宜小，取其易于用完，又开别罐；若大罐屡开，未免透风。

【译】取青色肥大的蒌蒿，将老头全部摘掉，腌渍一

---

① 蒌蒿：多年生草本植物。生水中，嫩芽叶可食。

② 原抄本此处只有标题。

③ 原抄本此处只有标题。

天，可做成小菜。如果想装入罐中，要多放盐，连卤汁一并收贮，萎蒿脆绿可爱，但见风就会变黑，最好在临用时再取出来。罐子要小一些，取菜容易用完，再开其他的罐；如果用大罐频繁打开，未免会漏风。

干腌萎蒿

取肥大者，不论青红，因其晒干同归于黑。重盐腌二日，取起晒干，入坛贮用。又，缚胡桃仁配围碟。

【译】取肥大的萎蒿，无所谓青色、红色，因为萎蒿晒干后都会变黑。多用一些盐将萎蒿腌渍两天，腌好取起并晒干，装入坛中收贮备用。另，绑上胡桃仁来配围碟。

莴苣

（一名莴笋，二三月有，五月止）

食莴苣有二法：新酱者，松脆可爱；或腌之为脯，切片食之甚鲜。然必以淡为贵，咸则味恶矣。

【译】吃莴苣有两种方法：新鲜莴苣拌上酱吃，松脆可爱；或者腌制成脯，切片吃味道也很鲜。但腌时一定要少放盐，盐多味道就不好了。

拌莴苣

切片，滚水泡过，加麻油、糖、醋、姜米拌。

又，配虾米拌同。

【译】将莴苣切成片，用开水泡过，加入麻油、糖、醋、姜米拌着吃。

另，将莴苣配入虾米拌着吃方法与此相同。

香莴苣

劖成橄榄式，作衬菜。

又，切小片同。

【译】（略）

炒莴苣

斜切片，配春笋炒。

又，切小片炒。

【译】（略）

拌莴苣干

盐略腌晒干，用时温水泡软，切寸段，加洋糖、醋拌。淡苣干同。

【译】将莴苣用盐略腌并晒干，取用时用温水将莴苣干泡软，切成寸段，加白糖、醋拌着吃。淡苣干的做法与此相同。

瓤莴苣

香莴苣去皮，削荸荠式，头上切一片作盖，挖空填鸡绒，仍将盖签上，烧。

【译】将香莴苣去皮，削成荸荠的样子，头上切下一片做成盖子，挖空里面填入鸡茸，再将盖签上，进行烧制。

莴苣圆

取香莴苣心，拌鸡脯斮碎，加酱、豆粉作圆，烩。

【译】取香莴苣心，拌入鸡脯肉并剁碎，加酱、豆粉做成丸，进行烩制。

烘莴苣豆

香莴苣去皮叶，盐腌一日，次日切小块，滚水焯，晾干，隔纸火烘成豆，加玫瑰瓣或桂蕊拌匀，封贮。其清香味美，色绿而脆。

【译】将香莴苣去掉皮、叶，用盐腌一天，第二天切成小块，用开水焯过，晾干，隔着纸用火烤成莴苣豆，加入玫瑰瓣或桂花蕊拌匀，装罐并封闭后收贮。烘莴苣豆清香味美，色绿而脆。

腌莴苣

每一百斤，盐一斤四两，腌一宿晒，起原卤煎滚，冷定，再入莴苣浸二次，晒干，用玫瑰花间层[1]收贮。

【译】每一百斤莴苣一斤四两盐，将莴苣腌一夜后晒干，将原盐卤煮开，晾凉，再倒入莴苣中浸泡两次，再晒干，收贮罐中，一层莴苣码一层玫瑰花。

酱莴苣

切段装袋，入甜酱缸。

【译】（略）

糟莴苣

晾干略腌，入陈糟坛。

【译】（略）

莴苣饭

莴苣切碎，挤去汁，麻油略炒，笋汤和水烧滚，入上白籼米（香稻米更好）煮饭，莴苣内再加麻油并盐少许，覆饭面。

【译】将莴苣切碎，挤去汁，用麻油略炒，将笋汤加入水后烧开，下入上白籼米（香稻米更好）煮饭，莴苣内再加麻油及少许盐，盖在米饭上即可。

---

① 间层：一层莴苣一层玫瑰花。

莴苣叶

盐腌晒干，夏月拌麻油，饭上蒸，亦可同肉煮。

【译】将莴苣叶用盐腌后晒干，夏天的时候拌入麻油，放在饭上蒸，也可同肉一起煮。

莴苣叶糕

白米[1]一斗淘泡，配莴苣叶五斤，洗净切极细，拌米合磨成浆；糖和微水下锅，煮至滴水成珠，倾入浆内搅匀，用碗量之入蒸笼蒸熟，重重[2]放此下去，如蒸九重糕[3]法，甚美，以薄为妙。

【译】将一斗白米淘洗干净并浸泡，配入五斤莴苣叶，莴苣叶要洗净切得很碎，拌入米中一起磨成浆；将糖和少量的水下锅，煮至能滴水成珠，再倒入浆内搅匀，用碗盛好上蒸笼蒸熟，重叠着放下去，就像蒸九重糕的方法，蒸出来非常好，每层越薄越好。

莴苣卷

生莴苣叶入熟水略拖，如春饼式，包卷各种馅。仪征县腌莴苣甚咸，冷水泡淡，略干，入甜酱。

又，生莴苣晾瘪，淡盐腌，晒干作，盘底衬玫瑰一朵，装小瓶。

---

① 白米：稻米经过精制后的一种米，颗粒偏小。

② 重重：重叠之意。

③ 九重糕：又名九层糕、千层糕、中元糕等，取长长久久，步步高升之意。是沿海地区一种传统的中国特色糕点小吃之一。

【译】将生莴苣叶在开水中蘸一下，像春饼的样子，包卷入各种馅料。仪征县的腌莴苣很咸，用冷水泡淡，略干后放入甜酱中。

另，将生莴苣晾瘪，用少许盐腌，晒干后用，盘底要衬一朵玫瑰花，装入小瓶收贮。

豌豆头

（春社日[1]俱有）

炒豌豆头

加麻油、酱油炒，配一切菜。

【译】（略）

拌豌豆头

渫熟，加麻油、酱油、醋拌。

【译】将豌豆头汆熟，加麻油、酱油、醋拌着吃。

① 春社日：春季祭祀土地神的日子。是一个中国传统节日。古无定日，先秦、汉、魏、晋各代择日不同。自宋代起，以立春后第五个戊日为社日。

紫果菜

（四月有，八月止）

紫果烩豆腐。

又，可作衬菜。

【译】（略）

金针菜[1]

炸金针

洗净切去两头，拖面入麻油炸脆，拌炒盐、椒面。

又，拖鸡蛋清，脂油炸，盐叠。

【译】将黄花菜洗净并切去两头，蘸面糊下入麻油中炸脆，拌入炒盐、花椒面即可。

另，将黄花菜蘸鸡蛋清，用脂油炸熟，码好撒盐。

炒金针

洗净切去两头，加麻油、酒、醋、酱油炒。

【译】将黄花菜洗净并切去两头，加入麻油、酒、醋、酱油炒熟。

金针煨肉

洗净切段，配肥肉、酱油、酒煨。炒肉同。

【译】将黄花菜洗净并切段，配入肥肉、酱油、酒煨熟。黄花菜炒肉方法与此相同。

拌金针

焯出，配笋丝、木耳、酱油、醋拌。

【译】（略）

---

① 金针菜：黄花菜，又名忘忧草、柠檬萱草，属百合目，百合科多年生草本植物，根近肉质，中下部常有纺锤状膨大。黄花菜性味甘凉，有止血、消炎、清热、利湿、消食、明目、安神等功效。

金针炒豆腐

切寸段，配豆腐，作料炒。

【译】将黄花菜洗净并切成寸段，配入豆腐，加作料炒制。

茭白

（一名茭瓜。三月、四月有，七月止）

拌茭白

焯过切薄片，加酱油、醋、芥末或椒末拌。

又，生茭白切小薄片，略腌，撒椒末。

又，切丝，略腌，拌芥末、醋。

又，拌甜酱。

又，拌肥肉片。

又，切块，拌酱油、麻油。

【译】（略）

茭白烧肉

切滚刀块，配肉烧。

【译】（略）

炒茭白

切小片，配茶干片炒。

又，切块，加麻油、酱油、酒炒。

又，茭白炒肉、炒鸡俱可，切整段，酱、醋炙之尤佳。初出太细者无味。

【译】（略）

茭白鲊

切片，焯过取起，加莳萝、茴香、花椒、红曲俱研末，用盐拌匀，细葱丝同腌一时。藕稍[1]鲊同。

【译】将茭白切成片，焯水后捞起，加入莳萝、茴香、花椒、红曲（这些料要研成末），用盐拌匀，加细葱丝一并腌两个小时即可。藕鲊的做法与此相同。

茭白脯

茭白入酱，取起风干，切片成脯，与笋脯相似，又与萝卜脯制同。

【译】将茭白放入酱中腌渍，腌好取出风干，切片成脯，与笋脯相似，与萝卜脯的制法相同。

糟茭白

整个用布包，入陈糟坛。

【译】（略）

酱茭白

用刀划痕，盐腌一二日，入甜酱。茭儿菜同。

【译】用刀将茭白划出道，加盐腌一两天，再放入甜酱中。酱茭儿菜的做法与此相同。

糖醋茭白

茭白切四椏，晒一日，入炒盐揉透，加糖、醋装瓶。

【译】将茭白切成四半（呈丫杈形状），晒一天，再用炒盐揉透，加糖、醋后装瓶。

---

① 稍：疑为衍字。

酱油浸茭白

切骨牌薄片，浸酱油，半日可用，充小菜。

【译】将茭白切成骨牌薄片，放在酱油中浸泡，半天后就可取用，可以充作小菜。

茭儿菜

（正月有，九月止）

茭儿菜汤

麻油炒过，配香蕈、腐皮、酱油、瓜酒、姜汁做汤。

【译】（略）

拌茭儿菜

渫熟，配白煮肉片、香椿芽拌。

又，配虾米拌。

【译】将茭儿菜汆熟，配入白煮肉片、香椿芽拌着吃。另，将茭儿菜汆熟，配入虾米拌着吃。

芋艿

（七月有，二月止）

本身无味，借他味以成味。十月天晴时，取芋子、芋头晒之极干，放草中勿使冻伤，春间煮食，甘香异常。

又，煮芋入草汤易酥。

芋性柔腻，入荤入素俱可。可切碎作鸭羹；或用芋子煨肉；可同豆腐加酱油煨；选小芋子，入嫩鸡煨汤，妙极。

【译】芋头本身没有味道，需要借助其他食材的味道而入味。十月里天晴的时候，取芋子、芋头晒至极干，放在草中以免冻伤，春天的时候取出来煮着吃，口味香甜。

另，煮芋时加入草汤容易酥。

芋头本就柔软细腻，加入荤菜加入素菜都可以；或者切碎做鸭羹；或者用芋头煨肉；或者和豆腐一起加酱油煨制。或者选小芋头加入嫩鸡煨汤，妙极了。

芝麻芋

芋子去皮，烧烂，拌熟芝麻、洋糖。

【译】（略）

煨芋子

煨半熟去皮，面裹重烧，其味甚香，蘸酱油、糟油、虾油或洋糖、盐。

又，配肉块红煨，烧亦可。

【译】将芋头煨半熟后去皮，用面裹后重烧，这样做出来的芋头味道非常香，可以蘸酱油、糟油、虾油或白糖、盐吃。

另，芋头可以配肉块红煨，烧也可以。

烤芋片

片切三分厚，锅内放水少许烧热，将芋片贴锅上无水处，烤俟熟，将芋片翻转再烤，蘸洋糖。

【译】将芋头切成三分厚的片，锅内放少许水并烧热，将芋头片贴在锅上的无水处，烤熟，将芋头片翻过来再烤熟，蘸白糖吃。

烧芋子

切片，配麻腐烧。

【译】（略）

油烧芋

切块，入肉汁煮，加火腿、笋片烧。

【译】（略）

炸芋片

芋头去皮切片，麻油炸，椒盐叠。芋子同。

【译】（略）

炸熟芋片

熟芋切片，用杏仁、榧仁研末和面，加甜酱，拖片油炸。

【译】将熟芋头切片，用研好末的杏仁、榧仁调和成面糊，加入甜酱，将芋头片蘸糊后油炸。

煎熟芋片

切片，脂油、酱油、酒煎。

又，切片拖面，加飞盐煎。

【译】（略）

泥煨芋头

芋头去皮挖空，装烧肉丝或鸡绒，仍用芋片盖口，粘豆粉，湿纸裹，加潮黄泥涂满，草煨透，去泥用。

又，拣晒干老芋子，湿纸裹，煨一宿，去皮蘸洋糖用，甚香。

【译】将芋头去皮后挖空，装入烧肉丝或鸡茸，再用芋头片盖口，裹上豆粉，用湿纸裹好，用湿的黄泥涂满芋头，放在草中煨透，去掉黄泥后食用。

另，挑选晒干的老芋子，用湿纸裹好，煨一夜，去掉皮蘸白糖吃，非常香。

瓤芋子

取大者，用鸡肉丁、火腿丁填入，烧。

【译】（略）

瓤芋头

填螃蟹肉，烧亦可。

【译】（略）

玉糁羹

生芋捣烂拧汁，鸡汤烩。

【译】（略）

芋艿汤

芋子、豆腐俱切片，青菜、脂油作汤。

【译】（略）

山芋头

采芋切片，用榧子煮去苦味、杏仁为末，少加酱水或盐和面，将芋片拖煎。

【译】采来芋头切成片，将榧子煮去苦味、杏仁研成末，加入少许酱水或盐调和成面糊，将芋片蘸面糊后用油煎制。

芋粉圆

磨芋粉晒干，和米粉用之。朝天宫道士制芋粉圆，野鸭馅极佳。

【译】将磨芋粉晒干，同米粉调和做成丸。朝天宫的道士所做的芋粉丸，用的野鸭馅非常好。

芋煨白菜

煨芋极烂，入白菜心烹之，加酱水调和，家常菜之最佳者。惟白菜须新摘肥嫩者，色青则老，摘久则枯闭。瓮菜卤煮芋子、香芋、老菱肉用。甜酱红烧芋子，芋子挖空，填洋糖面油炸。香芋同。

【译】先把芋头煨到特别烂，再加入白菜心煮一会儿，最后加酱水调和，这是家常菜中最好吃的一种。只是必须用新摘的肥嫩白菜，颜色发青的是老白菜，摘下来放得太久则变干枯。瓮菜盐卤可以用来煮芋子、香芋、老菱角肉。甜酱用来红烧芋子，将芋子挖空，填入白糖蘸面后油炸。香芋的做法与此相同。

芋子饼

生芋子去皮捣烂，和糯米粉为饼油炸，或夹洋糖、豆沙，或用椒盐、胡桃仁、桔丝作馅。

【译】将生芋子去皮后捣烂，同糯米粉和面做成饼后油炸，可以夹入白糖、豆沙，也可以夹入用椒盐、胡桃仁、橘丝做成的馅料。

芋糕

芋子去皮捣极碎，和香稻米粉、洋糖、脂油丁拌揉，印糕蒸。

【译】将芋子去皮后捣得非常碎，同香稻米粉、白糖、脂油丁拌匀揉成面团，用模子拓成糕后蒸熟。

芋粉

和糯米粉，或糕或团皆可，煎用更宜。

【译】（略）

卷八

茶酒饭粥部（上）

茶酒单

七碗生风，一杯忘世，非饮用六清[1]不可，作《茶酒单》。空心酒忌饮，宜饭后。戒冷茶。

【译】要做到“七碗生风，一杯忘世”，那非得饮用六清不可，因此写了《茶酒单》。空腹不要饮酒，要饭后饮。戒除饮凉茶。

① 六清：六饮，即水、浆、醴、醇（liáng）、医、酏。

茶

欲治好茶，先藏好水。求中泠、惠泉[①]，人家何能置驿而办[②]？然天泉水[③]、雪水，力能藏之。水新则味辣，陈则味甘。尝尽天下之茶，以武夷山顶所生冲开白色者为第一。然入贡[④]尚不能多，况民间乎？其次莫如龙井[⑤]。清明前者号“莲心”[⑥]，太觉味淡，以多用为妙；“雨前[⑦]”最好，一旗一枪，绿如碧玉。收法：须用小纸包，每包四两放石灰坛中，过十日则换石灰。上用纸盖扎住，否则气出而味全变矣！烹时用武火，用穿心罐[⑧]一滚，久则水味变矣。停则滚，再泡则叶浮矣。一泡便饮，以盖掩之，则味又变矣。此

---

① 中泠（líng）、惠泉：唐朝张又新《煎茶水记》中，记有刑部侍郎刘伯刍对天下水的评定：“扬子江中泠水第一，无锡惠山寺石水（即惠泉）第二，……”中泠泉在今江苏镇江金山西北侧，惠泉在今江苏无锡惠山。

② 人家何能置驿而办：一般人家哪里能够设置驿马站去到中泠、惠泉取水？驿，指古时供应递送公文的人或来往官员暂住、换马的处所。

③ 天泉水：雨水。

④ 入贡：进贡皇宫。

⑤ 龙井：在浙江杭州西湖西南山地中。历史悠久的龙井寺寺内有井，泉水出自山岩，甘洌清凉，四时不绝。以产“龙井茶”著名。

⑥ 清明前者号“莲心”：早先区分龙井茶的质量等级，是按采期的先后和芽叶的老嫩划分为八个品目，即“莲心”“雀舌”“极品”“明前”“雨前”“头春”“二春”“长大”。以“莲心”采期最早。

⑦ 雨前：谷雨前采摘的龙井茶，质量最好。据明《浙江通志》：“杭郡诸茶，总不及龙井之产，而雨前细芽，取其一旗一枪，尤为珍品，第所产不多，宜其矜贵也。”

⑧ 穿心罐：一种中间凸起用来煮汤煮茶的陶器。

中清妙，不容发也[①]，近见士大夫生长杭州，一入官场便吃熬茶，其苦如药，其色如血。此不过肠肥脑满之人吃槟榔法也，俗矣哉！武夷、龙井外而以为可饮者，胪列[②]于后：

洞庭君山茶　常州阳羡茶

六安银针茶　当涂涂茶

天台云雾茶　雁岩山茶

太白山茶　　上江梅片茶

会稽山茶

此外，如六安、毛尖、武夷熬片概行[③]黜落[④]。

【译】想冲泡出好茶，一定得先贮存好水，但如果都要求中泠、惠泉的水，平常人家中怎么可能设置驿站专门去取水，然而雨水、雪水一定都能收贮。水新则味辣，陈则味甘。我尝遍了天下的茶，认为要以武夷山顶出产的、冲开是白色的茶为第一。但这种茶进贡尚且不多，又何况民间！其次，就没有比龙井好的。清明前的龙井叫作“莲心”，感觉味道太淡，要多放一些才好。“雨前”龙井最好，一旗一枪，绿如碧玉。收存的方法是必须用小纸包，每包四两，放在石灰坛中，过十天换一次石灰，坛子上面用纸盖住扎紧，否则气跑出来，茶叶的颜色和味道就全变了。煮水时要用

① 不容发也：中间容不下一根头发，比喻相距极近，丝毫不容差错。

② 胪（lú）列：陈列。

③ 概行：一律施行。

④ 黜（chù）落：斥退；落职；落选。

武火，用穿心罐，一烧滚就泡茶，滚的时间长了水的味道就变了，停滚了再泡茶叶就会浮起来。茶一泡立刻就饮，用盖盖起来味道又变了，这当中的奥妙，一丝也不能改变呀。曾见士大夫生长在杭州，一进入官场，便吃起了熬茶，其苦如药，其色如血，这不过是脑满肠肥的人吃槟榔的方法啊，太俗了！除武夷、龙井外，我以为可以饮用的茶，罗列在后面：

洞庭君山茶　常州阳羡茶

六安银针茶　当涂涂茶

天台云雾茶　雁岩山茶

太白山茶　　上江梅片茶

会稽山茶

此外，像六安、毛尖、武夷熬片这些茶，我在这里就不予介绍了。

龙井莲心茶

出武林[1]，茶之上品。用砂壶滚水冲，又用微火略炖，始出味。

【译】出自杭州，龙井莲心茶是茶之上品。先用砂壶滚水冲，再用微火略炖，才出茶香味。

春茶

出会稽平水、安村、上壬、紫洪、陈村、官培、尖乌、

① 武林：旧时杭州的别称，以武林山得名。

镬沿山[①]诸处者佳。六安茶香而养人。

【译】出自会稽的平水、安村、上壬、紫洪、陈村、官培、尖乌、镬沿山等地的好。六安茶香且养人。

花煮茶

锡瓶治茗，杂花其中。梅、兰、桂、菊、莲、玫瑰、蔷薇之类，摘其半含半放香气全者，三停[②]茶一停花。其花须去其枝、蒂、尘垢、虫蚁，用瓷罐投间至满，纸箬扎固，隔水煮之，一沸即起，将此点茶[③]甚美，茶性淫[④]，触物即染其气。伴花用茶之次等者，借花之清芬，别饶佳趣[⑤]。若上品龙井、松罗、梅片拌入各卉，真味反为花夺。煮出待冷，纸包焙干用。诸花片瓣用隔者不烂。

【译】用锡瓶煮茶茗，掺花在里面。梅花、兰蕙、桂花、菊花、莲花、玫瑰花、蔷薇花等，摘那些半含半放且香气全的花，三份茶一份花的比例。摘来的花要清理掉枝、蒂、灰尘污垢、虫蚁，用瓷罐装且一定要装满，用纸或箬叶扎牢固，隔水煮制，水开后就捞出来，用它来沏茶，茶中放入香花，即可染上花的香气。用花来煮用次等的茶，借助花

---

① 镬沿山：号称“绍兴小雁荡”，位于稽东官桥村止路坞自然村。

② 停：总份数中的一份。

③ 点茶：唐、宋代的一种沏茶方法。

④ 茶性淫：《庄子·在宥》：“天下不淫其性，不迁其德。”这里“茶性淫”，指茶中放入香花，即可染上花的香气。

⑤ 别饶佳趣：别有一番高雅的情趣。

的清香，别有一番高雅的情趣。如果将各种花拌入上等的龙井、松罗、梅片，茶的本来的味道反倒被花夺走。花要煮好晾凉，用纸包好烤干再用。各种花片瓣用分开的不会烂。

菊花茶

中等芽茶，用瓷罐先铺花一层，加茶一层，逐层贮满，又以花覆面。晒十余次，放锅内，浅水浸，火蒸，候罐极热取出，冷透开罐，去花，以茶用纸包，晒干。每一罐分三四罐。如此换花蒸、晒，三次尤妙。晒时不时开包抖擞令匀，则易干。

【译】选中等的芽茶，用瓷罐先铺一层菊花，再铺一层茶，一层一层地将瓷罐装满，再用菊花盖在表面。晒制十几次，放在锅内，用浅水浸泡，用火蒸，等瓷罐非常热时取出，凉透后打开罐，去掉菊花，将茶用纸包好，晒干，每一罐茶分成三四罐。像这样更换着花来蒸、晒，三次最好。晒的时候要经常开包抖一抖，将花、茶抖均匀，这样容易干。

莲花茶

日初出时，就池沼[①]中将莲花蕊略绽者以手指拨开，入茶叶填满蕊中，将麻丝扎定，经一宿，次早摘下，取出茶，用纸包，晒干或火烙，如此三次，用锡瓶收藏。

【译】太阳刚升起的时候，将池塘中的刚刚绽开的莲花蕊用手指拨开，放入茶叶填满莲花蕊中，用麻丝扎紧，经过

① 池沼：比较大的水坑，泛指池塘。

一夜，第二天早上摘下莲花，取出茶，用纸包好，将茶晒干或用火烤干，如此三次，再装入锡瓶收藏。

煎茶

砂铫煮水，候蟹眼动[①]，贮以别器。茶叶倾入铫内，加前水少许盖好，俟浸茶湿透，将铫置火上，尽倾前水，听水有声便取起，少顷再置火上，略沸即可啜，极妙！

【译】用砂铫来煮水，等看到有小水泡翻动时便取下盛入别的容器。再将茶叶倒入铫内，加少许前面煮好的水并盖好盖子，等茶被泡湿透时，将铫放在火上，把前面煮好的水全部倒入铫内，听到水有声时便将铫取起，过一会儿再放在火上，水开后就可以喝了，非常好！

清茶

茶叶、石榴米四粒、松仁四粒，或加花生仁、青豆泡茶。

【译】（略）

泡茶

茶叶内加晒干玫瑰花、梅花三瓣同泡，颇香。

【译】（略）

三友茶

茶叶、胡桃仁去衣、洋糖，清晨冲滚水。

【译】（略）

① 蟹眼动：指水开时，小水泡翻动呈螃蟹眼状。

冰杏茶

冰糖、杏仁研碎，滚水冲细茶。

【译】（略）

橄榄茶

橄榄数枚，木槌敲碎（铁敲有黑锈并刀腥），同茶入小砂壶，注滚水盖好，少停可饮。花红同。

【译】取几枚橄榄，用木槌敲碎（如果用铁敲有黑锈，用刀会腥），同茶一并放入小砂壶，倒入开水并盖好盖子，过一会儿就可以喝了。花红茶的方法与此相同。

芝麻茶

芝麻微炒香，磨碎，加水滤去渣，取汁煮熟，入洋糖热饮。煎浓普洱茶冲冰糖饮。

【译】将芝麻微微炒香，磨碎，加入水滤去渣滓，取汁煮熟，加入白糖后趁热喝。煮浓普洱茶加冰糖后喝。

金豆茶

金豆[①]去核，浸以洋糖，入口香美，点茶绝胜。

【译】（略）

千里茶

洋糖四两、茯苓三两、薄荷四两、甘草一两共研末，炼蜜为丸，如枣大。一丸含口，永日[②]不渴。

① 金豆：芸香科金橘属植物，常绿有刺灌木。柑果圆形或扁圆形，暗黄色微带朱红色，果皮平滑。浙、闽、粤、桂、滇野生。果小，可食，含芳香油，可作调料。

② 永日：从早到晚；整天。

【译】将四两白糖、三两茯苓、四两薄荷、一两甘草都研磨成末，加蜜炼成丸，像枣一样大。取一丸含在嘴里，一整天都不会渴。

奶子茶

粗茶叶煎浓汁，木勺扬[1]之，俟红色，用酥油及研细末芝麻去渣，加盐或糖热饮。

【译】将粗茶叶煮浓汁，用木勺向上泼洒，等到茶汤变成红色，加入酥油及研成细末并去过渣滓的芝麻，再加盐或糖趁热喝。

香茶饼

孩儿茶[2]、芽茶各四钱，檀香一钱二分，白豆蔻一钱半，麝香一分，砂仁五钱，沉香二分半，片脑四分，甘草膏和糯米粉糊搜饼[3]。

【译】将四钱孩儿茶、四钱芽茶、一钱二分檀香、一钱半白豆蔻、一分麝香、五钱砂仁、二分半沉香、四分片脑及甘草膏和糯米粉糊做成饼。

---

① 扬：簸动，向上泼洒。

② 孩儿茶：儿茶，中药名。为豆科植物儿茶的去皮枝、干的干燥煎膏。冬季采收枝、干，除去外皮，砍成大块，加水煎煮，浓缩，干燥。具有活血止痛、止血生肌、收湿敛疮、清肺化痰的功效。

③ 搜饼：做成饼。

饯花茶

取各种初开整朵花，蜜饯[①]，贮瓶，点茶。

【译】取各种初开的整朵的花，用蜂蜜或浓糖浆浸渍后装瓶收贮，煮茶时用。

香水茶

取熟水半杯，上放竹纸一层，穿数孔，采初开茉莉花缀于孔，再用纸封，不令泄气。明晨，其水甚香，可点茶。

又，取半开茉莉花，用滚汤一碗停冷，花浸水中封固，次早去花。取浸花水半盏，另冲开水，满壶皆香。

【译】取来半杯熟水，上面放一层竹纸，钻很多孔，将采来初开的茉莉花系结在孔上，再用纸封好，不要让它漏气。第二天早上，这杯水非常香，可以用来煮茶。

另，取半开的茉莉花，将花浸在一碗晾凉的开水中并封闭严实，第二天早上将花去掉。取半盏浸花水，另外再冲开水，满壶水都有香气。

收茶法[②]

锡瓶收茶，上置浮炭数块，湿不入。晒茶晾冷入瓶，色不变黄。茶瓶口朝下，悬空中，茶不黰[③]。缘黰气自上而下也。

---

① 蜜饯：用蜂蜜或浓糖浆浸渍果物。

② 原抄本此处无标题，为注译者添加。

③ 茶不黰：茶不发霉。

【译】用锡瓶收茶，要在上面放几块浮炭，湿气不会侵入。茶晒后并晾冷再装入瓶中，颜色不会变黄。将茶瓶口朝下，悬挂在空中，茶不会发霉。这是因为霉气是从上往下的。

去茶迹[1]

壶内茶迹，入冷水令满，加碱三四分煮滚，茶迹自去。

【译】要去除壶内的茶迹，将壶加满凉水，再加三四分碱煮开，茶迹自然消去。

柏叶茶

嫩柏叶拣净，缚悬大瓮中，用纸封口，三十日勿见风，见风即黄，候干取出。如未干透更闭之，至干，研末收贮。夜话[2]饮之，醒酒益人。

又，菊叶晾干，亦可代茶，色香俱美。

又，玫瑰花，将石灰打碎铺坛底，上放竹纸两层，花铺纸面，封固。候花极干取出，另装瓷瓶，点茶。诸花同。

【译】将嫩柏叶挑净，绑好挂在大瓮中，用纸封闭瓮口，三十天内不要见风，见风就会变黄，等柏叶干后取出。如果柏叶没有干透再封闭在翁内，直到干透为止，研磨成末后收贮。此茶在夜晚聊天时饮用，可以醒酒益人。

另，将菊叶晾干，也可代替茶，色香俱美。

---

① 原抄本此处无标题，为注译者添加。

② 夜话：指夜间的谈话。

另，玫瑰花茶：将石灰打碎后铺在坛的底部，上面放两层竹纸，玫瑰花铺在纸的面上，封闭严实。等花干透后取出，另装入瓷瓶内煮茶用。各种花的煮茶方法与此相同。

暗香茶

腊月早梅，清晨用箸摘下半开花朵，连蒂入瓷瓶。每一两用炒盐一两撒入，勿经手，厚纸密封，入夏取用。先置蜜少许于杯，加花三四朵，滚水注，花开如生。

【译】腊月早开的梅花，清晨时用筷子摘下半开的花朵，连蒂把儿放进瓷瓶。每一两花撒入一两炒盐，不要用手，用厚纸密封起来。到了夏天打开取用。先放少许蜜在杯内，加三四朵花，倒入开水，花就开放得像新摘的一样。

芝麻茶

先用芝麻，去皮炒香磨碎，先取一酒杯[①]下碗，入盐水少许，用筷子顺打至稠。硬不开，再下盐水顺打至稀稠，约有半碗多，然后用红茶熬酽，俟略温，调入半碗，可作四碗用之。

又，用牛乳隔水炖二三滚取起，晾冷，结皮揭尽，配碗和芝麻茶用。

【译】先将芝麻去皮后炒香并磨碎，先取一酒杯的芝麻碎放入碗中，加少许盐，用筷子顺时针搅打至稠。如果有硬块打不开，就再下盐水顺时针搅打至稀稠，大约有半

① 一酒杯：这里指以酒杯为量具。

碗即可，然后用红茶煮至浓，等稍凉，调入半碗，可以做四碗用。

另，将牛奶隔水煮两三开后取起，晾凉，揭掉牛奶结的奶皮，配碗调和芝麻茶用。

炸茶叶

取上好新茶叶，拌米粉、洋糖，油炸。

【译】（略）

酒

闻之虬髯[1]论酒云：酒以苦为上，辣次之，酸犹可也，甜斯下矣，可为至论[2]。苦辣之酒必清，酸甜之酒必浊。论味而清浊在其中矣。求其味甘、色清、气香、力醇之上品，唯陈绍兴酒为第一，然沧酒[3]之清、浔酒之冽、川酒之鲜，岂在绍兴酒下哉。大概酒以耆老宿儒[4]越陈越贵，以初开坛者为佳，所渭“酒头茶脚[5]”是也。炖法不及则凉，太过则老，近火则味变。须隔水炖而紧塞其出气处才佳。除川、浔、沧、绍四须外，可饮者，开列于后：

镇江苦露酒

镇江百花酒（陈则与绍兴酒无异，惜力量不及矣）

宣州豆酒　　常郡兰陵酒

苏州三白酒　　苏州女贞酒

苏州福真酒　　高邮稀莶酒

溧水鸟饭酒　　无锡荡山酒

金华酒　　金坛于酒

---

① 虬（qiú）髯（rán）：拳曲的连鬓胡须。此指年纪高的人论酒。

② 至论：指高超的或正确精辟的理论。

③ 沧酒：沧酒历史久远，隋唐时期便有记载，到宋、明时已海内驰名。

④ 耆（qí）老宿儒：年高而有道德学问的人。耆，年高。

⑤ 酒头茶脚：这句话是说，酒吃开坛头批，香味浓郁；而茶要吃脚才佳。脚，后者的意思，指第二泡、第三泡茶。

宜兴蜀山酒　　　　德州罗酒

浦酒　　　　　　　衡酒

沛县膏粮酒　　　　山西汾州酒

通州枣儿红酒

此外，如扬州木瓜酒、苏州元燥酒，概从摒弃。

【译】听年纪大的人谈论酒说：酒味苦的为上品，味辣的其次，味酸的尚且可以，味甜的为下品，这是正确精辟的理论。味道苦辣的酒必定清亮，味道酸甜的酒必定浑浊。论味道和清亮、浑浊都在其中了。求酒味甘、色清、气香、力醇之上品，唯有时间久的绍兴酒为第一，然而沧酒之清，浔酒之冽，川酒之鲜，难道在绍兴酒之下吗！大抵酒就像德高望重的耆老宿儒，越陈越贵，并且以刚开坛的酒为佳，谚语所谓的“酒头茶脚”就是这个意思。热酒不到位就会发凉，热得太过就老了，靠近火则味道就变了，所以必须隔水热，并且要把出气的地方塞严实才可以。除川、浔、沧、绍四种酒以外，选几种尚且可饮的酒，开列在后面：

镇江苦露酒

镇江百花酒（时间久了就与绍兴酒没有差异，可惜力量达不到）

宣州豆酒　　　　常郡兰陵酒

苏州三白酒　　　苏州女贞酒

苏州福真酒　　　高邮稀莶酒

溧水乌饭酒　　　　无锡荡山酒

金华酒　　　　　　金坛于酒

宜兴蜀山酒　　　　德州罗酒

浦酒　　　　　　　衡酒

沛县膏粮酒　　　　山西汾州酒

通州枣儿红酒

此外，像扬州木瓜酒、苏州元燥酒等，就不值一提了。

甜酒

甜酒不失之娇嫩，则失之伧俗[1]，只可供女子、供乡人、供烹庖之用，不可登席。

【译】甜酒不会失去它的娇嫩，失去娇嫩就会粗俗鄙陋，只可以供女子、乡下人喝，或供厨师烹调之用，不可以上宴席。

绍兴酒

山阴[2]名东浦者，水力厚，煎酒用镬[3]，不取酒油，较

---

① 伧俗：粗俗鄙陋。

② 山阴：旧县名，秦置。因在会稽山之阴（北）得名。治所在今浙江绍兴。隋改名会稽。唐又分会稽置山阴。与会稽同城而治，此后历为越州、会稽郡、绍兴府、绍兴路治所。1912年两县合并，改名绍兴。

③ 镬（huò）：古代煮牲肉的大型烹饪铜器之一。古时指无足的鼎。今南方称锅子叫镬。

胜于会稽[1]诸处。其妙在多饮不上头，不中满[2]，不害酒[3]，是绍兴酒之良德也。忌火炖，亦忌水中久炖；忌过热，亦忌冷饮；忌速饮，亦忌流饮。三五知己，薄暮[4]之时，正务[5]已毕，偶然相值[6]，随意衔杯[7]，赏奇析疑[8]，杀刀射复[9]，饮至八分而止。否则，灯下、月下、花下，摊书一本，独自饮之，亦一快事。

【译】山阴县的东浦，水力厚，煮酒用镬，不取酒油，稍微胜过会稽各处。这酒妙在多喝不上头，不会脘腹胀满，不会因饮酒过量而感觉不适，这是绍兴酒的优点。绍兴酒忌在火上煮，也忌在水中久煮；忌太热，也忌凉着喝；忌大口喝，也忌流饮。三五个知己，在傍晚时分，做完正事，偶然相遇，随意小酌，赏奇析疑，杀刀射复，喝到八成即止。另

① 会稽：旧县名。隋开皇九年（公元 589 年）分山阴县置。治所在今浙江绍兴。其后历为会稽郡、越州、绍兴府治所。1912 年与山阴县合并为绍兴县。

② 中满：脘腹胀满。

③ 害酒：病酒。因饮酒过量而感觉不适。

④ 薄暮：傍晚。

⑤ 正务：指正事或者正业。

⑥ 相值：相遇。

⑦ 衔杯：口含酒杯。多指饮酒。

⑧ 赏奇析疑：欣赏奇文而析其疑义。晋·陶潜《移居》诗之一：“奇文共欣赏，疑义相与析。”

⑨ 杀刀射复：指用字句隐寓事物，令人猜度的酒令。俞敦培《酒令丛钞·古令》：“今酒座所谓射复，又名射雕复者，法以上一字为雕，下一字为复，设注意‘酒’字，则言‘春’字、‘浆’字使人射之，盖春酒，酒浆也，射者言某字，彼此会意。”

外也可以在灯下、月下、花下，摊开一本书，独自小酌，也是一件快乐的事。

烧酒

黄河以北味皆圆，黄河以南味皆削。烧酒铄[1]精耗血，最宜少饮。若埋土中，日久则无火气，加入药料[2]尤宜埋土。

【译】黄河以北地方的烧酒口味丰满，黄河以南地方的烧酒口味较为淡薄。烧酒耗人精血，一定要少饮。如果将烧酒埋入土中，时间长了就没有火气了，加了药材的酒更适合埋入土中。

荷叶酿酒

败荷叶搓碎，拌米蒸饮[3]，酿酒味更清美。

【译】将残落的荷叶搓碎，拌入米中蒸，酿出的酒的味道更清美。

酴醾[4]花酿酒

或云即重酿酒也。兼旬[5]可开，香闻百步。野蔷薇亦最香。

---

① 铄：销熔。

② 药料：药材。

③ 饮：疑为衍字。

④ 酴（tú）醾（mí）：荼蘼，又名佛见笑、重瓣空心泡，是蔷薇科悬钩子属空心泡的变种。荼蘼花枝梢茂密，花繁香浓，入秋后果色变红。宜作绿篱，也可孤植于草地边缘。果可生食或加工酿酒。

⑤ 兼旬：二十天。

【译】荼蘼花酿酒，或者说是重新酿的酒。荼蘼花二十天可开，花香在百步外就能闻到。野蔷薇也是最香的。

花香酒

酒坛[①]，以箬包酒坛口，置桂花或玫瑰花于箬上，泥封，香气自能透下。

另，香酒架格，系茉莉花于瓮口，离酒一指许，纸封之旬日，其香入酒。暹罗人[②]取瓶，以香熏如漆[③]而贮酒。

【译】用箬叶包裹好酒坛口，将桂花或玫瑰花放在箬叶上，用泥封闭严实，花的香气自然能透进酒里。

又，将香酒坛放（架）在木架上，用茉莉花系在瓮口，距离酒一手指左右，用纸封闭十天，花香自然能透进酒里。泰人用瓶来存贮香熏得像漆一样黏稠的酒。

露酒

每酒一斤，入玫瑰露或蔷薇露少许。

【译】（略）

梅子酒

青、黄梅子不拘多少，入瓶，加冰糖、薄荷少许封固，一月可饮。

【译】将青、黄梅子不论数量多少均装入瓶中，加入少

---

① 酒坛：疑为衍字。

② 暹（xiān）罗人：也称“泰人”。暹罗，中国对泰国中部及南部的古称。

③ 如漆：指像漆一样黏稠。

许冰糖、薄荷后封闭严实，一个月后就可以饮用了。

荸荠酒

荸荠蒸露，入酒甚香。诸果皆可仿制。

【译】（略）

鲫鱼酒

熟黄酒入坛，即投活鲫鱼一二尾，泥封。

【译】将熟黄酒装入坛中，马上放入一两条活鲫鱼，用泥将坛口封闭严实。

葡萄酒

葡萄揉汁入酒，名“天酒”；若加薏仁，更觉味厚。

又，蔗汁入酒，名“蔗酒”。

又，赛葡萄酿：黑豆去皮磨碎，放银器水中煮，加乌梅数个、明矾少许熬，冷定，色黑，滤净，调以酒物[①]，贮瓶封一宿饮。

【译】将葡萄揉出汁水加入酒中，称为“天酒”；如果加入薏仁，味道会觉得更醇厚。

另，甘蔗汁加入酒中，称为“蔗酒”。

另，赛葡萄酿：将黑豆去皮后磨碎，放入银器盛的水中煮制，加入几个乌梅和少许明矾进行熬制，晾凉后呈黑色，滤掉渣滓，加入酒曲并调匀，装入瓶中封闭一夜后就可以饮用了。

---

① 酒物：酒曲。

素酒

冰糖、桔饼冲开水，供素客。

【译】（略）

状元红

青梅合玫瑰花同浸，其色愈红。

【译】（略）

百果酒

百果聚樽[1]，日久成酒，供素客。

又，桑椹酒：有六七[2]酸者佳。

【译】（略）

牺酒[3]

整坛黄酒，用黄牛屎周围涂厚，埋地窖一日，坛内即作响声，匝月[4]可饮。饮时香气扑鼻，但酒耗甚大，约去半坛。冬日，绍酒内入糯米饭二三升，扎一月，饮味厚而香，与酒合酒作法同。

【译】将整坛的黄酒用黄牛屎在坛周围涂厚，埋入地窖一天后坛内即有响声，满一个月后就可以饮用了。饮用时酒的香气扑鼻，但酒的消耗比较大，大约耗去半坛。冬天的时候，在绍酒内加入两三升糯米饭，扎坛口封闭一个月，饮用

① 百果聚樽：指各种果子聚集在樽中。

② 六七：指六七成。

③ 牺酒：酒名。

④ 匝月：满月。

时酒味醇厚且清香，用酒调和酒的做法与此相同。

摇酒听酒声

试酒[①]，每钻泥头[②]用过山龙[③]吸而尝之，未尝不确，但多此一番启开，若摇坛听声，辨别殊易。其法：以两手抱坛，急手[④]一摇，听之声极清碎，似碎竹声音，酒必清冽；次作金声[⑤]者，亦佳；作木声[⑥]者，多翻酸[⑦]；若声音模糊及无声者，起花结面[⑧]，不可用矣。

又，叩瓮辨美恶。用物击坛，声清而长者佳；重而短者苦；不响者，酒必败。

凡酒，伤热则酸，伤冷则甜。东风至而酒泛溢[⑨]，故贵腊醅[⑩]。以药浸酒，不如以药入曲。紫藤角仁熬香入酒，则不败。

---

① 试酒：品尝新酿成的酒。

② 泥头：指封酒坛口的泥巴。

③ 过山龙：又名茜草、羊葡萄蔓、草葡萄、地血、染绯、风车草。攀援藤本，被褐色茸毛。见明李时珍《本草纲目·草七·茜草》。虹吸管的通称。虹吸管指利用虹吸现象来输送液体的曲管或曲管形的装置。

④ 急手：急速。

⑤ 作金声：发出响亮的声音。

⑥ 作木声：发出的声音沉闷。

⑦ 翻酸：酒变质，味变酸。

⑧ 起花结面：似有起酒花而不破，在酒面上聚集成一层皮儿。

⑨ 东风至而酒泛溢：大意是春天来了清酒非常多。《淮南子》云：东风至而酒泛溢。许慎注云：酒泛，清酒也。

⑩ 腊醅（pēi）：腊月酿的酒。

【译】品尝新酿成的酒，需要用钻钻掉酒坛口的泥巴，再用吸管吸出来品尝，没尝到酒便不知它的好坏，其实没有必要启开坛口，摇晃酒坛听听声音，就可以辨别酒的味道好坏。其法是两手抱坛，急速用手一摇，发出的声音就像破竹一样非常清脆，坛里的酒一定清冽；发出响亮的声音，酒也很好；发出沉闷的声音，酒大多已变质，味道变酸了；如果发出的声音模糊或没有声音，酒一定是起酒花且结皮了，这种酒是不能喝的。

另，敲酒瓮也可以辨别酒的好坏。拿东西敲击酒坛，声音清而长的，酒好；声音重而短的，酒不好；敲击酒坛没有声音的，酒一定是变质了。

酒一般是受热则酸、受冷则甜。春天来了清酒非常多，因此最好在腊月酿酒。用药材泡酒，不如将药材加到酒曲里。将紫藤角仁熬香后加入酒中，酒不会变质。

饮酒欲不醉[1]

饮酒欲不醉者，服硼砂[2]末少许。其饮葛汤、葛丸者效迟。

---

① 原抄本此处无标题，为注译者添加。

② 硼砂：通常为含有无色晶体的白色粉末，易溶于水，是非常重要的含硼矿物及硼化合物。硼砂有广泛的用途，可用作清洁剂、化妆品、杀虫剂，也可用于配置缓冲溶液和制取其他硼化合物等。硼砂毒性较高，世界各国多禁用为食品添加物。人体若摄入过多的硼，会引发多脏器的蓄积性中毒。

《千金方》[1]：七夕日，采石菖蒲[2]，末服之，饮酒不醉。大醉者，以冷水浸发即解。

又，饮酒先食盐一匕[3]，饮必倍。

又，清水嗽口，饮虽多不乱；或曰：酒毒自齿入也。

又，饮酒过多腹胀，用盐擦牙，温水嗽齿二三次，即愈。

又，食橄榄可醒酒。

【译】想喝酒不醉的方法，可以服少许硼砂末。喝葛汤、吃葛丸见效慢。

《千金方》记载：七夕这一天，采来石菖蒲，研磨成末后服下，饮酒不会醉。如果饮酒大醉的，用冷水泡发石菖蒲便解。

另，饮酒前先吃一匙盐，酒量翻倍。

另，用清水嗽口，喝多了不迷乱；或者说：酒毒是从牙齿进入。

另，饮酒过多导致腹胀，用盐来擦牙，再用温水嗽口两三次，便痊愈。

另，吃橄榄可以醒酒。

---

① 《千金方》：又称《备急千金要方》《千金要方》，是中国古代中医学经典著作之一，共30卷，是综合性临床医著，被誉为中国最早的临床百科全书。唐朝孙思邈所著，约成书于永徽三年（公元652年）。该书集唐代以前诊治经验之大成，对后世医家影响极大。

② 石菖蒲：属天南星科、菖蒲属禾草状多年生草本植物，其根茎具气味。叶全缘，排成二列，肉穗花序（佛焰花序），花梗绿色，佛焰苞叶状。根茎常作药用。

③ 一匕：一匙。

冰雪酒

冰糖二斤，雪梨二十枚，可浸顶好烧酒三十斤。

【译】两斤冰糖、二十枚雪梨，可以浸泡三十斤顶好的烧酒。

三花酒

玫瑰花、金银花、绿豆、冰糖、脂油窨[1]一月。

【译】（略）

宽胸酒

麦芽糖十斤，大麦烧酒百斤，浸一月用。

【译】（略）

舒气酒

川郁金二两，沉香三钱，浸烧酒二十斤，泥封，隔水煮一炷香。饮时和木瓜酒一半。

【译】二两川郁金、三钱沉香可以浸泡二十斤烧酒，用泥封闭，隔水煮一炷香的时间。饮用时和入一半的木瓜酒。

荞麦酒

荞麦酒可治一切病症。

【译】（略）

神仙酒

杏仁、细辛、木瓜、茯苓各三钱，槟榔、菊花、木香、

① 窨（yìn）：窖藏；深藏。

洋参、白豆蔻、桂花、辣蓼[1]各三钱，金银花四钱，胡椒二十一粒，川乌一钱，官桂一两，共为末。用糯米三升蒸熟，同米泔将药拌匀，入瓷盆内盖紧，连盆晒五日，春秋七日，冬十日，取出为丸，如弹子大。临用，滚水一壶，药一丸，顷刻成酝[2]，其药做酒更妙。

【译】杏仁、细辛、木瓜、茯苓各三钱，槟榔、菊花、木香、洋参、白豆蔻、桂花、辣蓼各三钱，金银花四钱，胡椒二十一粒，川乌一钱，官桂一两，以上药材均研磨成末。将三升糯米蒸熟，同淘米水将药材拌匀，装入瓷盆内盖紧，连盆晒制五天，春秋天晒制七天，冬天晒制十天，到期取出做成丸，像弹子一样大。临用时，烧一壶开水，下入一丸药，不一会儿便成酒，用这些药材做酒更好。

酒类杂记六则[3]

新绍酒气暴而味辣，饮后口发渴。每酒三十斤，和高邮五加皮酒六斤，与陈绍酒无二。

凡酒醅将熟，每缸用金菊二斤，去蒂、萼，入醅拌匀，次早榨出，香气袭人。桂花、玫瑰同。又，每甑[4]内用布袋

① 辣蓼（liǎo）：又叫班焦草、红辣蓼、辣马蓼，一年生草本。有解毒、祛湿、散瘀、止血的功效。

② 酝：指酒。

③ 原抄本此处无标题，为注译者添加。

④ 甑（zèng）：蒸馏或使物体分解用的器皿。

装淡竹叶三五钱同蒸，用时另有种清趣[①]。

凡安放酒坛处，有日影如钱大照之，其酒必坏。须置透风处而不霉鬒[②]，并平地垫高者才佳。

黄酒、白酒，少入烧酒，经宿不坏。锡器贮酒，久能杀人，以有砒毒也，锡者砒之苗[③]。更不宜用铜器装酒过夜。

酒酸，用赤小豆（即细红豆）炒焦，每大坛内约一升；或取头、二蚕砂[④]晒干，二两绢袋入坛，封三日；或牡蛎、甘草等分大坛，四两绢袋入坛过夜，重汤煮熟；或用铅一二斤烧极热投入，则酸气尽去。清明泉水造酒佳。木日[⑤]做曲必酸，梅花晒曲。

锅巴绍兴加色，用红曲或胭脂浸酒，和入再加酒浆，味即浓厚；或加梅花片，或入烂木瓜，可称“梅花酒”“木瓜酒”。

【译】新酿的绍兴酒气暴且味辣，喝了口会发渴。每三十斤酒，和入六斤高邮五加皮酒，与陈的绍兴酒没有区别。

---

① 清趣：清新的情趣。

② 不霉鬒：不发霉不变黑。

③ 锡者砒之苗：似指锡像砒霜一样有毒。《土宿本草》云：“锡受太阴之气而生，二百年不动成砒，砒二百年而锡始生。锡禀阴气，故其质柔。二百年不动，遇太阳之气乃成银。今人置酒于新锡器内，浸渍日久或杀人者，以砒能化锡，岁月尚近，便被采取，其中蕴毒故也。”

④ 蚕砂：又名蚕矢，是家蚕的干燥粪便。性味甘温，入肝、脾、胃经，有燥湿、祛风、和胃化浊、活血定痛之功。

⑤ 木日：我国古代以干支五行纪年、月、日。木日做曲必酸之说，尚无科学根据。

一般酒醅将熟时，每缸用两斤去蒂、萼的金菊，入到醅中拌匀，第二天早晨捞出，香气袭人。桂花、玫瑰也一样。

另，每甑内用布袋装三五钱的淡竹叶一同蒸制，用时另有一种清新的情趣。

凡放酒坛的地方，如有太阳照得像铜钱一样大的影子，这酒肯定会坏。酒坛必须放在通风的地方，酒才不会发霉变黑，如果放在平地要垫高一些才好。

在黄酒、白酒中加入少许烧酒，一整夜都不会坏。用锡器来存酒，时间长了能杀人，就像有砒霜一样，锡像砒霜一样有毒。更不应该用铜器来装酒过夜。

酒要是酸了，就将赤小豆（即细红豆）炒焦，每大坛内约放一升赤小豆；或将家蚕的头、二干粪便晒干，取二两装入绢袋放入坛中，封闭三天；或者将牡蛎、甘草等分大坛，取四两装入绢袋放入坛中过夜，隔水煮熟；或者投入一两斤烧得非常热的铅，酸气就会全部去除。用清明时节的泉水造酒好。木日做曲必会酸，就加入梅花来晒曲。

锅巴可以使绍兴酒加色，要用红曲或胭脂来浸泡酒，和入后再加酒浆，味道便浓厚；或者加梅花片，或者加入烂木瓜，可称为“梅花酒”“木瓜酒”。

烧酒

烧酒自元时始。烧酒畏盐，盐化烧酒为水。

【译】烧酒自元代开始就有了。烧酒怕盐，盐能将烧酒化成水。

灯草[1]试烧酒

灯草寸许放烧酒上，视沉处高下，即知酒之成数。盖灯草遇水气，即浮而不沉也。

醋入烧酒，味如常酒，不复酸。酒客[2]以酸酒兑入烧酒货之。扬城[3]又以木瓜酒和酸绍酒。

【译】将一寸左右的灯草放在烧酒里，观察它悬浮的高低，就知道酒的成色。一般灯草遇到水汽，都会漂浮不会沉底。

醋加到烧酒中，味道还是平常酒，不会变酸。卖酒的人用酸酒兑入烧酒来卖。扬州城又有木瓜酒和酸绍酒。

天香酒

每烧酒一斗，鲜桂花三升（拣净蒂、叶），入酒坛泥封。三月后，每黄酒一坛，加烧酒三小盅。

【译】每一斗烧酒加入三升鲜桂花（要去净桂花的蒂和叶），放入酒坛中用泥封闭。三个月后可以取用，每一坛黄酒中加三小盅桂花烧酒即可。

琥珀光酒

烧酒五十斤，洋糖二斤，红曲一斤半研末，薄荷一斤三

---

① 灯草：多年生草本植物，又称灯芯草。其茎细长，茎的中心部分用作菜油灯的灯芯，俗称灯草。

② 酒客：嗜酒的人，亦指酒店或宴会中的客人。这里似指卖酒的人。

③ 扬城：扬州城。

两。先将薄荷、红曲同酒滚好，色浓入坛，去渣加洋糖。加金银花更妙。

【译】取五十斤烧酒、两斤白糖、一斤半研成末的红曲、一斤三两薄荷。先将薄荷、红曲同酒煮好，颜色浓了再入坛，去渣滓后加入白糖。加金银花会更好。

药酒

枸杞子、当归、圆眼、菊花浸酒。

又，桂圆壳浸酒，色作淡黄，极佳。

【译】（略）

花酿酒

采各种香花，加冰糖、薄荷少许，入坛封固，一月可饮。

【译】（略）

三花酒

蔷薇、玫瑰、金银花。

【译】（略）

错认水

冰糖、荸荠浸烧酒，其清如水，夏日最宜。

【译】用冰糖、荸荠泡烧酒，酒清得像水一样，夏天时候最适合。

金酒

红花、红曲、冰糖浸烧酒。加酒酿味更浓粘；凡制药酒，俱当加入。

【译】用红花、红曲、冰糖泡烧酒。加入酒酿味道会更浓黏；凡泡药酒，都应当加入。

绿豆酒

生脂油二斤，去膜切丁，绿豆淘净一升，装袋浸烧酒十斤。泥封月余，油化即可饮。或泡松罗茶叶四两，可浸烧酒五十斤，亦放脂油丁。

【译】将两斤生脂油去膜切成丁，将一升绿豆淘洗干净，装袋后用十斤烧酒浸泡。用泥封闭一个月后，脂油溶化即可饮用。或者用四两松罗茶叶浸泡五十斤烧酒，也要放些脂油丁。

雪梨烧酒

秋白梨或福桔、苹果入酒，半月可饮。

【译】（略）

五香烧酒

丁香、速香[①]、檀香、白芷浸酒[②]。

【译】（略）

高粱滴烧[③]

每日于五更时，炖热饮三分杯，通体融畅[④]，百脉同开

① 速香：一种香木。即黄熟香。

② 原抄本如此，似缺一种料。

③ 高粱滴烧：在清代和民国时期，往往是蒸馏酒的统称。

④ 通体融畅：全身暖和舒畅。

舒[1]，于人最益。

又，出路[2]带酒，取高粱滴烧掺馒头粉，随掺随干，干后再掺，多少随意。用时即将此干粉，冲百滚汤饮之，与烧酒无异。

【译】每天在五更的时候，加热后喝一杯三成的酒，全身会暖和舒畅，全身血脉都会流通，对人最有益处。

另，出门时带酒，取高粱滴烧掺入馒头粉，随掺随干，干后再掺，不限制数量。临用时便将此干粉，冲入滚开水后饮用，与烧酒没有区别。

---

① 百脉同开舒：全身血脉都流通。

② 出路：犹出门。

饭粥单

饭粥，本也；余菜，末也。本立而道生[1]，作《饭粥单》。

【译】粥饭，是饮食的根本；菜点，是饮食的余末。本建立了，道就有了，因此写了《饭粥单》。

① 本立而道生：本建立了，道就有了。

饭

王莽云盐者百肴之将，余则曰饭者百味之本。《诗》称“释之溲溲，蒸之浮浮[①]”，是古人亦吃蒸饭，然终嫌米汁不在饭中。善煮饭者，虽煮如蒸，依旧颗粒分明，入口软糯。其诀有四：一要米好，或香稻，或冬霜，或晚米，或观音籼，或桃花籼。舂[②]之极熟，霉天风摊播之，不使惹霉发鬒；一要善淘，净米时不惜功夫，用手揉擦，使水从箩中淋出，竟成清水，无复米色；一要用火，先武后文，焖起得宜；一要相米放水，不多不少，燥湿得宜。往往见富贵人家，讲菜不讲饭，逐末忘本，真为可笑。余不喜汤浇饭，恶失饭之本味故也。汤果佳，宁一口吃汤，一口吃饭，分前后食之，方两全其美。不得已，则用茶，用开水淘之，犹不夺饭之正味。凡物久生厌，惟谷[③]禀天地中和之气，乃养生之本。居家诸事宜俭，饭粥毋甘粗糯，钱肤以肠胃为砥石[④]，亦殊可怪。

【译】王莽说盐是百肴的首领，我则说饭是百味的根本。《诗经》里说“释之溲溲，蒸之浮浮”，可见，古人也

---

① 释之溲溲，蒸之浮浮：《诗经·大雅·生民》中的诗句。释之，这里指取来淘洗的意思。溲溲，淘米擦洗声。蒸之浮浮，指米受热后涨发浮起。

② 舂（chōng）：把谷类的皮捣掉。

③ 谷：粮食的总称。

④ 饭粥毋甘粗糯，钱肤以肠胃为砥石：此句费解，疑有误字。砥石，磨刀石。

吃蒸饭，但我始终觉得蒸饭不好吃，因为米汁不在饭里。善于煮饭的人，虽然是煮，却跟蒸出来的饭一样，依旧颗粒分明，入口软糯。其诀窍有四条：一是要米好，或者是“香稻”，或者是“冬霜”，或者是“晚米”，或者是“观音籼”，或者是“桃花籼”，舂得极细，不带一点稻壳。阴雨天在风口摊开扬播，不要使米发霉变质。二要善于淘洗，淘米时要不惜工夫，用手揉擦，要使从箩中流出的淘米水一直变成清水，不带一点米色。三是要善于用火，先武后文，焖饭的时间和出锅的时机都很合适。四是要根据米的多少放水，不多不少，干湿得宜。往往见富贵人家，讲究吃菜却不讲究吃饭，这才真是舍本逐末，很是可笑。我不喜欢汤浇饭，是嫌这种吃法失去了饭本来的味道。汤果真好喝，宁可喝一口汤，吃一口饭，分前后来吃，这才叫两全其美，不得已，就用茶或开水泡饭，这样就不会夺走饭的正味。不管什么食物时间久了都会厌烦，唯有粮食禀天地中和之气，是养生之本。住在家里各种事都可以从俭，饭粥毋甘粗糯，钱肤以肠胃为砥石，也真是很奇怪。

香稻饭

一种香稻，江南丹阳县、常熟等处皆产。用以煮饭，另有一种香气，一担米内和入三四斗，则通米皆香。

【译】一种叫香稻的，江南丹阳县、常熟等地都产。用它来煮饭，另有一种香气，一担米内和入三四斗香稻，所有米都香。

蒸饭

北方控饭[①]，南方煮饭，惟蒸饭适中[②]。早晨粥内捞起干粒，午餐用甑蒸透，既省便，又适口，人口多者最便。

【译】北方捞饭，南方煮饭，只有蒸饭适中。早晨粥内捞起干米粒，午餐用甑蒸透，既省事方便，又可口，人口多的家庭最方便。

煮饭

一碗米，两碗水，乃一定之法[③]。或米有干湿，水亦随之加减。但不可一火煮熟。俟滚起，火稍缓，少停再烧，才得熟软，否则内生外熟、非烂即焦。

又，南方以三芦炊一顿饭，又四两柴可熟，以四围用湿草鞋塞之，细柴烧釜脐故也。

【译】一碗米，两碗水，这是一定之法。因米有干湿，水也随着增减。但米不可一火煮熟。等煮开时，火变稍缓，过一会儿再烧，才能使饭软熟，否则内生外熟、不是烂就是焦煳。

另，南方用三芦煮一顿饭，也有用四两柴煮熟的，但四周要用湿草鞋塞满，这就是用细柴烧锅底中心的缘故。

---

① 控饭：捞饭。

② 惟蒸饭适中：据《食宪鸿秘》“饭之属・蒸饭”载：“北方捞饭，去汁而味淡；南方煮饭，味足但汤水火候难得恰好，非饘则太硬，亦难适口，惟蒸饭最适中。”

③ 一定之法：成语。一经确定下来就不再改变的法规。

姑熟炒饭

姑熟人尚[1]炒饭，或特地煮饭俟冷，炒以供客。不着油、盐，专用白炒，以松、脆、香、绒四者相兼[2]，每粒上俱带微焦。小薄锅巴皮更为道地，他处不能。其用油、盐硬炒者，不堪用。

【译】姑熟人尊崇炒饭，特意将煮饭晾凉，炒过以后给客人吃。不放油、盐，只是白炒，松、脆、香、绒四者兼有，每粒米上都带微焦。锅巴更为道地，别的地方做不了。那些将煮饭用油、盐硬炒的，太难吃了。

荷香饭

白米淘净，以荷叶包好，放小锅内，河水煮。

【译】（略）

香露饭

预取花露一盏，俟饭初熟时浇之，浇过稍焖拌匀，然后入碗，以之供客，齿颊[3]皆芳。不必满釜全浇香露，或一隅足供座客[4]，只浇一隅露，以蔷薇、香橼、桂花三种为宜，取其与谷性相若[5]。不必用玫瑰，其香易辨也。

【译】先准备一盏花露，待米饭初熟，浇在上面，加盖

① 尚：注重，尊崇。

② 相兼：指互相兼有，融合。

③ 齿颊：牙齿与腮颊。

④ 座客：在座的客人。

⑤ 相若：同样，类似。

焖一会儿再拌匀，然后盛入碗中，端给客人吃，满嘴芳香。不用满锅都浇遍香露，只浇米饭的一角就足够满足在座的客人，只浇一角香露，用蔷薇、香橼、桂花三种花为宜，它们与谷米香味类似。不要用玫瑰花，因为玫瑰的香味太容易分辨，大家一吃就知道不是谷物之味。

红米饭

饭熟后，用梅红喜纸盖上，即变嫩红色，宴客可观。

【译】（略）

乌米饭

每白糯米一斗淘净，用乌桕[①]或枫树叶三斤捣汁拌匀，经宿取起蒸熟，其色纯黑。供时拌芝麻、洋糖，又名“青精饭”。

【译】每一斗淘净的白糯米，用三斤乌桕或枫树叶捣的汁拌匀，经过一夜的时间取出蒸熟，米饭的颜色是纯黑的。吃的时候拌入芝麻、白糖，又称“青精饭”。

青菜饭

取青菜心，切细加脂油、盐、酒炒好，趁饭将熟时放入和匀。大约以饭、菜适均[②]，不可偏胜[③]乃妙。

【译】准备青菜心，切细后加入脂油、盐、酒炒好，

---

① 乌桕（jiù）：大戟科、乌桕属落叶乔木，乌桕是一种色叶树种，春秋季叶色红艳夺目，不下丹枫。

② 适均：犹均等。

③ 偏胜：谓一方超越另一方；失去平衡。

趁饭将熟时放入拌匀。大概米饭、青菜均等，不要有多有少为好。

蚕豆饭

蚕豆泡去皮，和米同煮。红豆、绿豆同，不必去皮。

【译】（略）

炸糍粑

糯米煮饭，按实切片，脂油炸，盐叠。

【译】（略）

炸锅巴

黄薄锅巴油炸酥。或加盐，或加洋糖。

【译】（略）

馊饭[①]

晒干磨粉，可作酱。饭再蒸，不揭锅盖过半夜，虽酷暑亦不馊。

又，生苋菜铺饭上，置凉处，经宿不馊。若铺新荷叶上，更得香气。

又，枣树作饭瓢，不馊，不粘饭。

【译】饭晒干后磨成粉，可以用来做酱。饭再蒸之后，过半夜都不要揭锅盖，即使是酷暑饭也不会馊。

另，将生苋菜铺在饭上，放在阴凉的地方，经过一夜的时间也不会馊。如果将饭铺在新荷叶上，还会得到荷叶的香气。

---

① 馊饭：依下文，应为“不馊饭”。馊，食物因变质而发出酸臭味。

另，用枣树做的饭勺瓢盛饭，不会馊，不粘饭。

五更饭

五更时，用米饭一茶杯，补益胜于人参。或浇以干蒸鸭汁，更美。

【译】在五更的时候，吃一茶杯米饭，对人身体的好处胜过人参。可以浇上干蒸鸭汁，味道更好。

粥

见水不见米，非粥也；见米不见水，非粥也。必使水米融洽，柔腻如一，而后谓之粥。人云：宁人等粥，毋粥等人，此真名言，防停顿而味变汤干故也。近有为鸭粥者，入以荤腥；为八宝者，入以果品，俱失粥之本味。不得已，则夏用绿豆，冬用黍米。以五谷入五谷，故自不妨。

【译】只见水不见米，不是粥；只见米不见水，也不是粥。一定要使水和米互相融合，柔腻如一，这才叫作粥。曾有人说过：宁可让人等粥熟，不要粥熟了等人吃，这话真是至理名言啊。因为这样就可以防止因停放引起的味道变化和米汤干少。近来有做鸭粥的，把荤腥放到粥里；有做八宝粥的，把果品放到粥里。这都失去了粥的正味。不得已非要加点东西，那就夏天加些绿豆，冬天加些黍米，把五谷加到五谷里还算是不碍事。

香稻粥

香稻米一茶杯，多用水，加红枣数枚（去皮核）煨一宿，极糜。五更时用最益人。

【译】准备一茶杯香稻米，多用些水，加入几枚红枣（去掉皮、核）煨一夜，煨至极烂。五更时吃对人身体最好。

井水粥

煮粥用井水则香，用河水则淡而无味，陈宿[1]河水亦可。凡暴雨初过，井水亦淡。法以淘米同水下锅，煮滚即盖锅，少停一刻，通身[2]搅转，加火煮熟。

【译】煮粥时用井水会香，用河水会淡而无味，陈旧的河水也可以。凡暴雨刚过时，井水味也淡。方法是淘好的米同水一并下锅，煮开后便盖上锅盖，少停一会儿，满锅搅动，再加火将粥煮熟。

肉粥

白米煮半烂时，切熟肉如豆，加笋丝、香蕈丝、松仁，加提清[3]美汁啖。熟腌菜下之，佳。

【译】白米煮半熟时，加入切好的熟肉丁（像豆一样大），加笋丝、香蕈丝、松仁，再加澄清的好卤汁吃。加入熟腌菜也好。

羊肉粥

蒸烂羊肉四两，加白茯苓一钱、黄芪五分研末、大枣二枚（去皮核）细切、粳米三合、糯米三合、飞盐二分煮粥。

【译】准备四两蒸烂的羊肉，加一钱白茯苓、五分研成末的黄芪、两枚去掉皮核并切碎的大枣、三合粳米、三合糯

① 陈宿：陈旧。

② 通身：全身。这里指满锅或整锅。

③ 提清：澄清。

米、两分精盐来煮粥。

火腿粥

金华淡火腿去肥膘，切丁，装袋，用白米加香米[1]一撮，煮粥。

【译】（略）

晚米粥

晚米磨碎煮粥。或粥煮后捞起作饭，均与老人相宜。

【译】（略）

乌米粥

乌桕叶浸糯米，加香稻米煮成饭，再入鸡汤，加盐、酒煮粥。

【译】（略）

芝麻粥

芝麻去皮蒸熟（取香气）研烂，每二合配米三合煮粥。芝麻皮、肉皆黑者更妙。乌须、明目、补肾，修炼家[2]美膳也。

【译】将芝麻去皮后蒸熟（取香气）并研磨烂，每两合芝麻配入三合米煮粥。芝麻皮、肉都是黑色的更好。有乌须、明目、补肾的功效，这是修炼人的美食。

---

① 香米：香稻米，疑脱“稻”字。

② 修炼家：修炼的人。

小米粥

小米和糯米入鸡汤煮粥。

【译】（略）

薏米粥

薏苡舂白，并去尽坳内糙皮，用腐渣擦过，即无药气。和水，磨浆，布滤，四分薏仁浆，六分白米配，煮粥（山药粉同）。

又，怀山药为粉煮粥。

又，杏仁酪煮粥同。

【译】将薏苡舂白，并去净坳内的糙皮，用豆腐渣擦过，便没有药气。和入水，磨成浆，用布过滤，四份薏仁浆配入六份白米，煮成粥（用山药粉煮粥方法与此相同）。

另，用怀山药磨成粉来煮粥。

又，用杏仁酪来煮粥方法与此相同。

芡实粥

芡实去壳，新者研糕，陈者磨粉，兑米煮粥。扁豆、豇豆、豌豆、绿豆粥。

【译】将芡实去壳，新鲜的可以研成糕，陈旧的可以磨成粉，兑入米煮成粥。扁豆粥、豇豆粥、豌豆粥、绿豆粥煮粥方法与此相同。

莲子粥

去皮、心，煮熟捣烂，加鸡汤煨，入糯米、香稻米各一撮煮粥。

【译】将莲子去掉皮、心，煮熟后捣烂，加入鸡汤煨制，再加入糯米、香稻米各一撮煮成粥。

神仙粥

糯米五合、生姜五六片、河水两碗，入砂锅一二滚，加带须葱头七八个，俟米烂，入醋小半杯，趁热吃。

葱能散，醋能收，米能补，配合甚妙。伤寒、伤风初起等症，皆可治。或只吃粥、汤亦效。

又，用小口瓦坛洗净，入半熟白米饭一酒杯，滚水贮满，加陈火腿丁一撮、红枣去皮核二枚，将瓶口封扎。预备火缸，排列炭基，于临睡时将瓶安炭火上，四围灰壅，仅露瓶口，五更取食，香美异常。病后调理及体虚者食之，大有补益。每日按五更食，勿失[①]为妙。

【译】准备五合糯米、五六片生姜、两碗河水，放入砂锅内煮一两开，加入七八个带根须的葱头，等米煮烂后，加入小半杯醋，趁热吃。

葱有发散功效，醋有收敛功效，米能补益身体，三者搭配起来非常好。伤寒、伤风等症刚刚发病时，都可以医治。可以只吃粥、汤也有效果。

另，将小口的瓦坛（瓶）洗净，加入一酒杯半熟的白米饭，用开水灌满，加入一撮陈火腿丁、两枚去皮核的红枣，

① 失：错过。

将瓶口封闭扎紧。准备好火缸，排列好木炭，在临睡觉时将瓶放在炭火上，四周堆满灰，仅露出瓶口，五更时取出来吃，非常香美可口。病后需要调理及身体虚弱的人吃了神仙粥，对身体非常有好处。每天按时在五更时吃，最好不要错过时机。

稠粥

白晚米和糯米同煮，入它粉[1]少许，色白而稠浓。大米八分、小米二分煮粥。

【译】将白晚米和糯米一同煮制，加入少许淀粉，粥的颜色白且浓稠。取八份大米、两份小米一同煮粥。

① 它粉：似应为淀粉一类的食材。

米

年内舂米，谓之冬舂。若来春舂，则米发芽，易亏折[①]。后入米囤[②]，须用一尺厚砻糠盖之，半拌以草灰，或取出频晒，或预取楝树叶铺囤内，贮上。收回租稻米多潮易鬒，亦照此法办之。

又，草囤贮白米仍用干草盖，以收水气，并要踏实，则不蛀，煮亦易收熟。

又，仓底板离地尺余，上加砻糠、草荐[③]或芦席，贮米于上，无潮气。其用缠席囤者，下面先用板架起，上面如前法加糠席垫高，若米多易霉，中藏气笼[④]，自无朽坏之虞[⑤]。松毛[⑥]可断米虫，入蟹壳于米内不蛀。南京南乡银条米亦香。绍兴一种湖田白，粒长性软，居家用之最为合宜。

【译】在年底前舂米，称为"冬舂"。如果第二年春天舂米，那么米会发芽，容易亏耗。后入米囤，要盖上一尺厚的砻糠，可以拌入一半的草灰，可以取出经常晒晒，或事先用楝树叶铺在米囤内，再存米。收回租稻米大多容易受潮发

---

① 亏折：损失；亏耗。

② 米囤（tún）：盛粮食的器物。

③ 草荐：草席。

④ 气笼：圆筒形的竹编物，立于仓库谷物中以通气，以防止谷类变质的工具。

⑤ 朽坏之虞：腐朽败坏的忧虑。

⑥ 松毛：干燥的松针。

霉变黑，也按照这种方法办。

另，在草囤中存贮白米也要用干草盖，来吸收水汽，并要用脚踏实，就不会被虫蛀，也容易煮熟。

另，粮仓底板要离地一尺多，上面加砻糠、草席或芦席，在上面放米，不会有潮气。用席围起来的米囤，下面要先用木板架起，上面按照前法加糠席垫高，如果米多容易发霉，中间放一个气笼，自然就不会忧虑米腐朽败坏。干燥的松针可以除米虫，把蟹壳放在米内不会虫蛀。南京南乡银条米也很香。绍兴有一种叫“湖田白”的米，粒长性软，居家生活吃这种米最适合。

炒米[1]

腊月极冻时，清水淘糯米，再用温水淋过（水太热则不酥，过冷亦不酥），盛竹箩内，湿布盖好。俟涨透，入沙同炒（不用沙炒，则米不空松，只可加五，与沙同炒，可得加倍），香脆空松。筛去细沙，铺天井透处（以受腊气），冷定收坛，经年不坏。益脾胃，补脏腑，治一切泻痢；三年陈，治百病。黄豆同。

【译】在腊月最冷的时候，将糯米用清水淘洗干净，再用温水淋过（水太热炒米就会不酥，水太冷炒米也不会酥），盛入竹箩内，用湿布盖好。等米涨透，加入细沙一同炒制（不用细沙炒，米就会不空松，只可加五成，与沙同

① 炒米：似今“米花”。

炒，可得加倍），将米炒至香脆、空松。筛去细沙，铺在天井的通风处（来接受腊气），晾凉后装入坛中，一年都不会坏。炒米有益脾胃、补脏腑、治一切泻痢的功效；三年的陈炒米，能治百病。炒黄豆的做法与此相同。

炒米包

炒米磨粉筛，和香稻米粉包脂油、洋糖，上笼蒸。

【译】将炒米磨成粉后筛过，和入香稻米粉后包脂油、白糖，上笼蒸制。

小米包

小米磨粉筛过，加香稻米粉十分之一，拌洋糖，包豆沙、糖、脂油，上笼蒸。

【译】将小米磨成粉后筛过，加入十分之一的香稻米粉，拌入白糖，包入豆沙、糖、脂油，上笼蒸制。

炒空心米

将顶高糯米淘蒸成饭，晒干，复入沙炒，筛去沙（一斗可炒三斗）。

【译】将上好的糯米淘洗干净并蒸成饭，晒干后加入细沙炒熟，再筛去细沙（一斗糯米饭可炒出三斗）。

饭膏

下米煮饭，俟汤稠时，将浮上米油舀起入碗。数刻即干厚成膏。炖热[①]，时时饮之，大有补益。

① 炖热：这里似为蒸热之意。

【译】下米煮饭，等汤煮稠时，将浮上来的米油舀起盛入碗内。几刻钟后，饭变干成为厚厚的膏。再将膏蒸热，经常吃对身体很有补益的作用。

米露

用锡打就如取烧酒甑式。将香稻米或晚米、糯米一斗淘湿；分三分入甑中，下用河水，上用冷井（水），不时倾换，每次可得露一中碗，炖热饮之，有人参之功。取下多露存贮瓷瓶，久亦不坏。谷芽、麦芽、诸果品同糯米取露后，其饭加入酒药罨之，并可蒸酒。各露倾入酒中，另有种香味。

【译】用锡打成像做烧酒用的甑的样子。将香稻米或晚米、糯米一斗淘洗干净；分成三份装入甑中，下面用河水，上面用凉的井水，要经常倒掉更换，每次可得到一中碗的米露，蒸热后饮用，有人参的功效。取下多余的米露存贮在瓷瓶内，时间久了也不会坏。用谷芽、麦芽、各种果品同糯米一起取露后蒸成饭，加入酒、药覆盖且发酵，再蒸酒。各种露倒入酒里，会另有一种香味。

水

世称“饮食”，饮先于食，何？水生于天，谷成于地，天一生水，地二成之也[①]。按《周礼》：饮以养阳，食以养阴。盖水属阴，故滋阳；谷属阳，故滋阴。以后天滋先天，务宜精洁。凡污水、浊水、池塘死水，暴雨、雷雨、黄梅雨水，饮之皆足伤人。即冰雪水、寻常雨水，非法制[②]，亦不宜饮。

浊水秋后取起，承露[③]多日，澄清亦可饮。

【译】世人说到“饮食”，饮必定要放在食的前头，为什么呢？因为水生于天、谷成于地、天一生水、地二成之。所以也先于食而说饮。《周礼》中记载：饮可以养阳，食可以养阴。水属阴，所以滋润阳；谷属阳，所以滋润阴。以后天滋润先天，一定要精致洁净。所以凡是污水、浊水、池塘死水，还有暴雨、雷雨、黄梅雨等雨水，饮用后都能伤人。冰雪水、平常的雨水没有按照要求处理过，也不能饮用。

浊水在秋后时盛起，承接甘露多日后，再澄清便可饮用。

---

① 天一生水，地二成之也：《周易·系辞》：“天一，地二，天三，地四，天五，地六，天七，地八，天九，地十。”天阳地阴，奇数阳，偶数阴。所以天都是奇数，地都是偶数。阳生阴，水属阴，所以“天一生水”；水生木，谷属木，谷成于地，所以说“地二成之也”。古人用阴阳五行来解释物质的产生，并以此来论证“饮先于食”。

② 法制：如法炮制。这里指水需要按照要求处理过。

③ 承露：承接甘露。

江湖长流宿水

煮茶、酿酒皆宜。山泉煮饭、烹调则宜。江湖水以其得土气较多，且水大流活，得太阳气亦多，故为养生第一。即品泉者，亦必以扬子江心为第一[①]。凡滩近人家洗濯[②]处，均所不取。湖水久宿更好，秋冬水清，取到即可用；春夏湖水中有细虫及杂渣，须用绵细[③]滤去用。取金山第一泉水，夜半放舟江心，其桶有盖，钻多孔，以木屑[④]塞紧，沉桶至水底，另绳系木屑，俟木屑抽出，其桶受水，然后提起，始得真泉[⑤]。

【译】江湖水用来煮茶、酿酒都可以。山泉水用来煮饭、烹调都可以。江湖水以其得到土气较多，且水势大而流动灵活，它得太阳光照也多，所以列为养生第一位。就是品评泉水，也要以扬子江心的中泠泉为第一。凡是靠近有人家洗涤物品的地方的水，都不能取用。久宿的湖水更好，秋冬季时水清，取到后就可用；春夏季时湖里有小虫和脏东西，要用绵绸一类的东西将其过滤掉再用。取金山第一泉的水，要在半夜划船到江心，将桶盖钻几个孔，用木塞塞紧，另用绳系住木塞，再把桶沉到水底，将木塞抽出，桶内进水，然

---

① 扬子江心为第一：指扬子江心的中泠泉水。

② 洗濯（zhuó）：清洗。

③ 绵细：似应为“绵绸”。

④ 木屑：指小木头或木塞。

⑤ 真泉：指中泠泉水。

后将桶提起，这样就得到了中冷泉水。

贮霉水[1]

芒种逢壬[2]便入霉，霉后积水烹茶甚香，经宿不变色，可以藏久，一交夏至即改味矣。

又，贮霉水火瓮内，须头伏龙肝[3]一块即灶心，或放鹅卵石数枚，或放成块朱砂两许[4]，或放香数段，俱能解毒。

【译】芒种过后，遇到壬日便进入阴雨连绵的梅雨季节。梅雨积水烹茶非常香，经过一夜的时间不会变色，可以长时间收贮，一到了夏至就会变味了。

另，梅雨水盛入火瓮内，要投入一块伏龙肝（即灶心土），或放几枚鹅卵石，或放入一两左右成块的朱砂都可以，或放入几段香，都能解水毒。

取水藏水

不必江湖，凡长流河港，深夜舟楫未行之时，泛舟流中，多载坛瓮。取水归，分贮大缸，以青竹棍左使旋，约搅百余回，成窝即止。箬笠[5]盖好，勿动。三日后，用洁勺于缸中心轻轻舀起水，过缸内（缸要净），舀至七分即住。其

---

① 原抄本此处无标题，为注译者添加。即贮存的梅雨水。

② 逢壬：逢壬日。古代用干支纪日。

③ 头伏龙肝：投入伏龙肝。伏龙肝，中药名，为经多年用柴草熏烧而结成的灶心土。具有温中止血、止呕、止泻之功效。

④ 两许：一两左右。

⑤ 箬笠：用箬竹的篾或叶子制成的帽子，用来遮阳挡雨等。

四围白锈及缸底渣滓洗刷至净，然后将别缸水如前法舀过。逐缸运毕，仍用竹棍左旋搅窝，盖好。三日后，又舀过缸，澄去渣底，如此三遍。入锅煮（以专用煮水旧锅为妙），滚透，舀取入坛（每坛先入洋糖三钱，后入水），盖好。一月后煮茶，与泉无异，愈宿愈好。

【译】不一定是江湖，只要是长远的水流经过的港湾，在深夜里舟船不行驶的时候，用小船划到水中间，多带上一些坛、瓮，取水回来，分别装在各个大缸里，用青竹棍向左旋搅一百多次，水急急地旋转成窝后就停手，用箬笠盖好，不再触动。三天后，用干净的木勺在缸中心把水轻轻舀进空缸里，舀到七成就停止。将缸里四周的白渣滓和缸底的泥渣用水淘洗干净，然后将别的缸里的水像前面方法一样舀进去。每个缸的水都这样舀完，都用竹棍向左旋搅过，将缸盖好。三天后，再舀水入缸，洗净缸内渣滓，这样做三遍。将水放入锅（用专用的常煮水的旧锅最好）煮制，煮到滚开透彻，将水舀入坛（每个坛先加入三钱白糖，然后再将水舀入坛），盖好坛盖。一个月后将水取来煮茶，与泉水没什么两样，这种水放的时间越久越好。

山泉

烹茶宜用山泉，以泉源远流长者为佳。若深潭停蓄之水，恐系四山流聚，不能无毒。

【译】煮茶最好用山泉水，山泉也是以源远流长的为好。如果是深潭停滞积蓄的水，恐怕是从四周山里聚到这里的水，要防备它有毒。

雨泉

是名“天泉”。贵久宿，澄清（去脚），易器另贮，用炭火淬两三次，即无毒。久宿则味甘。黄霉[①]、暴雨水极淡而毒，饮之伤人，着衣上即鬔烂。用以炖胶矾、制画绢，不久碎裂。三年陈之霉水，洗旧画上污迹及沉漂泥金，皆须此水为妙。惟作书画、研墨、着色，用长流湖水，若用霉水则胶散，用井水则性碱，皆不宜（金陵人好多蓄大缸。天雨时，用蓝布于天井中四角悬起，中垂一石，任其滴入大缸，另装小坛；或用瓷罐最净者，布空处盛之，贮处垫高，若存下，须用炭火淬三四次，不生孑孓[②]虫。盖好陈半年，煎茶最为清洁。藏水之家有七八年陈者。善于品泉者，入口即能辨其年份，历历不爽[③]。近海居民与离水窎远[④]者，此法最良）。

【译】雨泉也叫“天泉”。雨水也以久宿的为贵重，澄清（去脚）后换容器另行存贮，用炭火淬两三次，便没有

---

① 黄霉：指霉雨。初夏长江中下游流域经常出现一段持续较长的阴沉多雨天气。此时，器物易霉，故称“霉雨”。又值江南梅子黄熟，亦称“黄梅雨”。

② 孑（jié）孓（jué）：蚊子的幼虫，是蚊子的卵在水中孵化出来的，体细长，游泳时身体一屈一伸。通称跟头虫。

③ 历历不爽：清楚明白，没有差错。

④ 窎（diào）远：遥远。

毒了。久宿雨水味道甘甜。黄霉水、暴雨水非常淡而且有毒，饮后会伤人，沾到衣服上就发霉腐烂。用以炖胶矾、制画绢，时间不长就会碎裂。三年的陈霉水，清洗书画上的污迹以及洗漂上面的泥金，还必须用这种水最好。只有写书作画、研墨、着色就要用长流的好湖水，如果用霉水胶质就会散，井水又是碱性的，都不适合（南京人喜欢用很多缸存水。天下雨时，在天井中将蓝布的四角系起，中间挂一石头，让雨水滴入大缸内，再另装小坛；或用干净的瓷罐，用布控入水盛满，所放瓷罐的地方要垫高，如果存下水，要用炭火淬三四次，这样不会生孑孓。盖好罐后存半年，煮茶最为清洁。藏水的人家有存七八年的水。擅长品尝泉水的人，入口便能辨别出年份，清楚明白，没有差错。靠近大海的居民与离水遥远的人，用这种办法最好）。

井花水

凡水蓄一夜，精华上升。平旦[①]第一汲为井花水[②]，轻清滋润，以之理盥面[③]，润泽颜色。每早一汲，入缸盖。如陈宿，以供饮馔，勿轻用，勿浣濯[④]。煮粥必用井泉（宿贮为佳）。凡井，久不汲者不宜饮（久无人汲，偶有人汲起，尝

① 平旦：天刚刚亮。

② 第一汲为井花水：第一次打上来的井水叫“井花水”。

③ 理盥（guàn）面：洗脸。

④ 浣（huàn）濯：洗涤。

其味甘者，此戾气[①]也）。

【译】凡是井水，已澄清存蓄了一夜，精华升到上面。清早从井里打上的第一桶水叫井花水，它轻清滋润，用它来洗脸，有益于脸面。每天早上取一桶，倒入缸且盖好盖子。那种陈宿的水，不要轻易饮用，也不要用来洗涤东西。煮粥一定要用井泉水（前一夜的井水最好）。凡井水，很久没有人汲的不要饮（井水很久没人汲取了，偶然有人汲起，尝一下味道是甘甜的，这有邪恶之气）。

腊水

腊水，立春以前之水，用以酿酒，香美清冽，并可久贮。

【译】腊水，就是立春以前的水，用来酿酒，香美清冽，并可以久存。

百沸水

晨起饮百沸水一杯，能舒胸膈、清上部火气（须百沸为佳，若千滚者，多至[②]胀泻）。凡服药，亦宜先饮百沸水一二口，或盐花，或洋糖，或香露，冲汤皆可。

【译】早晨起来，先喝一杯百沸水，能舒展胸膈膜、清上部郁结的火气（一定是百沸的水为最好，如果是千滚水，大多会导致腹胀或腹泻）。凡吃药的时候，也应先喝一两口百沸水，或淡盐、或白糖、或各种香露，用百沸水

① 戾（lì）气：邪恶之气。

② 至：同“致”。

冲化都可以。

阴阳水

开水半杯、冷水半杯和匀，于清晨饮之，永无噎[①]症。

【译】（略）

武林西湖水

取贮大缸，澄清六七日，有风雨则覆，晴则露之，使受日月星辰之气，烹茶甚甘冽，不逊惠泉。以知凡有湖水池浸处皆可取贮，绝胜[②]浅流阴井[③]。或取寻常水煮滚，倾大瓷缸，置天井中盖紧，避日晒，俟夜色皎洁，开缸受露，凡三夕[④]，其清澈见底。去积久[⑤]，取出装坛听用，盖经火煅炼，又挹露气，此亦修炼遗意[⑥]也。他或令节、吉日雨后取，照法制用，亦可。雪为五谷之精，腊月雪水，缸瓮盛之，贮泥地平高处，覆以草荐围暖，亦可久用。

【译】取杭州西湖水存贮在大缸内，澄清六七天，有风雨就盖上盖，天晴就敞开口，接受日月星辰之气，这样的水煮出来的茶才非常甘冽，不比惠泉差。能够知道凡是有湖水、大池等处的水都可以取来存贮，远远超过浅流阴井。可

① 噎（yē）：食物堵住食管。

② 绝胜：远远超过。

③ 浅流阴井：似指小河沟和雨水井。

④ 夕：泛指晚上。

⑤ 去积久：疑应为“贮积久”。积久，长时间的累积。

⑥ 遗意：愿望。

以将普通的水煮开，倒入大瓷缸内，放在天井中盖紧盖，避开阳光，等到月亮明亮而洁白时，打开缸盖让水接受甘露，三个晚上过后，水可清澈见底。长时间这样在水缸里累积，再取出装坛备用，大概经火煅炼，又取露气，这也是修炼的愿望。他或在节令、吉日下雨后取水，按照此法加工后取用也是可以的。雪为五谷之精，腊月雪水，用缸瓮盛好，存贮在泥地内的高处，用草席覆盖并围护缸瓮的四周来保暖，也可以长久取用。

火

桑柴火[1]

煮物食之，主益人。

又，煮老鸭及肉等，能令极烂，能解一切毒。秽柴[2]不宜作食。

【译】用桑柴火煮食物吃，对人身体有益。

另，用桑柴火煮老鸭及肉等，能将肉煮得很烂，可以解一切毒。污秽的木柴不适合炊煮食物。

稻穗火

烹煮饭食，安人神魂，到[3]五脏六腑。

【译】用稻穗火炊煮饭食，能安人神魂，利五脏六腑。

麦穗火

煮饭食，主消渴润喉，利小便。

【译】用麦穗火炊煮饭食，能消渴、润喉，利小便。

松柴火

煮饭，壮筋骨。煮茶不宜。

【译】（略）

① 桑柴火：使用桑树木材来烧。适宜煎煮一切补药。

② 秽柴：污秽的木柴。

③ 到：疑应为“利”。

栎[1]柴火

煮猪肉食之，不动风。煮鸡、鹅、鸭、鱼腥等物烂。

【译】用栎柴火煮猪肉吃，不会动风。煮鸡、鹅、鸭、鱼腥等物容易烂。

茅柴火

炊煮饮食，主明目、解毒。

【译】用茅柴火炊煮食物，能明目、解毒。

芦火

芦火宜煎一切滋补药。

【译】芦火煎煮一切滋补药。

炭火

宜烹茶，味美而不浊。

【译】（略）

糠火

砻糠火煮饮食，支地灶，可架二锅，南方人多用之。其费较柴火省半。惜春时糠内入虫，有伤物命[2]。

【译】用砻糠火炊煮食物，支上地灶，可以架两口锅，南方人大多这样用。糠火比柴火要省一半。可惜到了春天糠内会有虫，烧火时会伤及它们的性命。

---

① 栎：木名。有“麻栎”“白栎”等。

② 物命：物类的寿命或生命。这里指虫的性命。

焦炭

煤之外，有一种名焦炭，无煤气而耐烧，以之代炭，颇省费。

【译】煤以外有一种焦炭，它没有煤气而且耐烧，用它来代替木炭，非常省钱。